Cornelia Köhler

Offenbarungseid Hund

oder die Industrialisierung eines Lebewesens

WELTBUCH

IMPRESSUM

www.weltbuch.com

1. Auflage, Deutsch, 30.11.2024
ISBN: 978-3-907347-34-8

Illustration: Tara H. Köhler
Fotografien (Innen/Außen): Cornelia Köhler
Covergestaltung und Buchsatz: Dirk Kohl, Weltbuch Verlag,
DEKA Mediendesign

Inhaltsverzeichnis

Über die Autorin

Cornelia Köhler, Baujahr 1966, geboren in Karl-Marx-Stadt, betreibt seit knapp 20 Jahren eine Tierheilpraxis in Chemnitz, in enger Kooperation mit vielen Tierarztpraxen der Umgebung.

Mit ihrem Lebensgefährten, einem Rudel Huskys und Katze Fanny lebt sie auf einem Bauernhof auf dem Lande.

Der Anlass, dieses Buch zu schreiben, ergab sich aus ihrem Wunsch, die zunehmende gesamtgesellschaftliche Industrialisierung des Hundes einmal von vielen Seiten zu beleuchten um Sie als Hundehalter und Leser anzuhalten, dieses mit ihr gemeinsam unter die Lupe zu nehmen.
Was machen diese Prozesse mit dem Hund und am Ende auch mit Ihnen?

Die Autorin möchte zum Reflektieren anregenund schlussendlich wieder für einen natürlichen Umgang mit dem Hund plädieren. Nichts anderes hat er als wundervolles soziales Wesen verdient.

1. Vorwort

Behandle dein Haustier so, dass du im nächsten Leben ohne Probleme mit vertauschten Rollen klarkommst. (Pascal Lachenmeier)

Bevor Sie mein Buch lesen, möchte ich ein paar kleine Hinweise geben:

- Ich betitele den Hund als Hund und werde nicht „gendern“ und mir jedes Mal die Finger beim Schreiben von Hund(ündin) oder Hundehalter(innen) wundschreiben.
  Diese neudeutsche Ausdrucksweise ist aus meiner Sicht unnötig, lächerlich und ein Egotrip und Affront gegen das Kulturgut Sprache. Ich mag Rüden genauso gerne wie Hündinnen. Und wir Hundehalter sind am Ende eins – nämlich Mensch.
- Vielleicht fühlen Sie sich mitunter angesprochen. Angesprochen ist beabsichtigt. Ich möchte Denkanstöße geben und die Welt für unsere Hunde ein kleines bisschen besser machen, wenn ich die Chance habe, den einen oder anderen wachzurütteln. Das ist mein Herzenswunsch.

Ich möchte meine Eindrücke und Erfahrungen in den letzten beiden Jahrzehnten kundtun und erhebe keinen Anspruch darauf, alles besser oder richtig zu machen. Ich habe jedoch durch meine Arbeit auf der einen Seite so viel Liebe zum Hund feststellen können – jedoch auf der anderen Seite so viel Ignoranz zum Hund und seinen Bedürfnissen. Und nicht zuletzt Ignoranz des Menschen gegenüber der restlichen Tierwelt, wie zum Beispiel der Massentierhaltung.

Es wird auch Leser geben, die mir inhaltlich oder fachlich widersprechen wollen. Für diesen Fall möchte ich betonen, dass alles, was ich in meinem Büchlein niederschreibe, meine vielleicht zum Teil auch subjektive Wahrnehmung der letzten 20 Jahre Leben mit Hunden, Arbeiten mit Hunden und vor allem Arbeiten mit Hundehaltern ist.
Ich habe während des Schreibens dieses Büchleins oft mit Menschen,

die ich gut kenne oder mit meinen Kunden über den Inhalt gesprochen, manchmal auch einige Zeilen vorgelesen. Dabei bemerkte ich, dass Viele beim Zuhören betreten schauten – aber auch eine gewisse Distanz. Und ich weiß, dass sie sich von meinen zum Teil aus ethischer und moralischer Sicht sehr anstrengenden Themen innerlich distanzierten. Ich verstehe sie zum Einen: Wir Menschen haben es so an uns, dass wir lieber lustige Anekdoten hören. Positive Dinge. Gucken lieber „Die Welpen kommen“ als eine Reportage über geschundene Nutztiere.

Mit dem Anderen aber, was wir kollektiv vielen Tieren antun, sei es durch Zerstörung ihres Lebensraumes – der Natur, Massentierhaltung für unser eigenes vergeiztes und überzogenes Konsumverhalten – oder durch Verzüchtung eines Wildtieres für unsere Zwecke und am Ende die Vermenschlichung dieses gezüchteten Hundes bis zum teilweise Raub jeder Würde mancher Hunde; damit wollen wir uns nicht befassen. Das verdirbt uns die Laune und den Tag. Also schieben wir es weit weg von uns oder zeigen mit dem Finger auf den oder die Andere(n) und beschäftigen uns schnell wieder mit angenehmeren Dingen.

Aber, lieber Tierfreund – den Kopf in den Sand zu stecken nach Vogel-Strauß-Mentalität hilft nicht. Es wird Zeit damit zu beginnen, unser Verhalten gegenüber Tieren und Natur respektvoll zu verändern.

Und als wichtigsten Punkt hierzu: Mein Respekt und mein Dank gilt allen Hundehaltern, die sich bemühen, ihrem Hund ein artgerechtes und liebevolles Zuhause zu geben, denn NICHTS Anderes hat er verdient.

2. Einleitung

Nein, ich hatte nicht das Vergnügen, mit einem Hund aufzuwachsen. Meine Eltern hatten fünf Kinder, sie haben uns eine tolle und unbeschwerte Kindheit ermöglicht – mit viel Sport /Ballett und eine Schwester mit Musik. Und zu Zeiten ohne Auto, Telefon und Internet war es eine logistische Meisterleistung, wie es Mama und Papa geschafft haben, dass alle Fünf gemäß ihren Neigungen gefördert wurden und wir dennoch Zeit und Phantasie zum Spielen und Ausgleich hatten. Wie die Eltern das finanziell geschafft haben, ist mir noch heute ein Rätsel und Vorbild und ich weiß, wie Mama oft kämpfen musste, etwas Schönes auf den Tisch zu zaubern. Da wäre auch in diesem Sinne ein größeres Fellkind nicht machbar gewesen. Noch heute zolle ich meinen Eltern einen Riesenrespekt dafür.

Doch zum Thema Hund zurück: Nein, es waren „nur“ Goldhamster und Kater und ich habe beide sehr geliebt. Meine berufliche Laufbahn und mein privates Leben haben mich erst später ,vor 18 Jahren, ganz nah an das Thema Hund/Katze/Pferd und an die Physiologie/Pathologie und Verhalten geführt. Und um dieses erfolgreich in meiner Tierheilpraxis praktizieren zu lernen, habe ich mich sehr gründlich und über Jahre zu diesen Themen fortgebildet.

Nicht im Online Kurs, sondern im Unterricht an einem Institut und in einer Landtierarztpraxis, wo ich in dankenswerter Weise sehr viel Praxis gelernt habe in meiner mehrjährigen Ausbildung zum Tierheilpraktiker und Tierpsychologin und vor allem aber im Lernen vom Hund selbst. Ich bin der Gesellschaft zum Schutz des Wolfes beigetreten in der Hoffnung, neben meinem Beitrag, dieses wundervolle und für die Gesundheit unserer Wälder so schützenswerte Wesen vor den Untrieben des Menschen zu bewahren, etwas vom „Großvater“ unserer Haushunde zu lernen, besonders das Sozialverhalten. Und ich habe meine eigenen Wolfsbeobachtungen in der Lausitz machen dürfen.

Meine erste eigene Hündin war leider eher ein Gasthund vom Tierschutz, die meine geliebte Katze Kira so malträtierte, dass ich mich entschlossen habe, sie in einen Haushalt ohne Katze zu geben. Dann kam Sam: Dobermann/Bernhardiner. Anfänglich ein sehr schwieriger Rüde, der vor dem Leben mit uns nichts Anderes kannte, als seinen Hof mit Pferden, Katzen und Hühnern.

Sam war schwerer als ich selbst und hatte seine gute Seele notgedrungen hinter einer Mauer verschanzt, die ich langsam, aber stetig aufbröselte. An ihm habe ich gelernt, dass man Bücher lesen und Rütter/ Milan gucken kann, wie man will: Wenn man die Seele eines Hundes nicht erkennen, lesen und pflegen kann, wird er niemals Vertrauen erlangen und zurückgeben. Das Lesen des Hundes ist eine Gabe, die man sich nicht durch diverse Kurse aneignen kann; man hat sie oder eben nicht. Und wenn nicht, wird es dann ein Kampf auf Lebenszeit. Ich bin nicht der Typ, den Hund auf Biegen und Brechen zu unterwerfen.
Ich möchte ihn verstehen und nachvollziehen, warum er sich wie verhält und dann durch logische Veränderungen Vertrauen und gegenseitige Akzeptanz erwirken. Denn wenn ich für den Hund nachvollzieh-

bare Entscheidungen treffe und dementsprechend Kommandos gebe, erreiche ich ein entspanntes und natürliches Miteinander. Ich halte es nicht für nötig, einen Hund anzuschreien und zu demütigen.

Ich danke Sam noch heute für seine „Arbeit“ mit mir Greenhorn und ich erinnere mich mit blutendem Herzen, was für schöne Jahre wir zusammen erleben konnten. Er hat seine kontrollierende Art abgegeben, weil er von mir Grenzen, Ruhe, Klarheit und Ausgeglichenheit bekommen hat und wir sind so ein gutes Team geworden. Schon nach kurzer Zeit konnte ich den vordem zerrenden und ziehenden Hund, der als Männerhasser (die er sehr gerne gemaßregelt, heißt so viel wie gestellt und gebissen hat) bekannt und mir so auch im Alter von sieben Jahren überlassen wurde, ohne Leine mit mir schlendern lassen und er hat mich niemals enttäuscht. Er wurde nicht mein Objekt zur Selbstdarstellung und Unterwerfung, sondern ein wahrer Freund, auf den ich mich immer verlassen konnte.
Ist das nicht der eigentliche Sinn, warum wir heutzutage Hunde halten? (Ausgenommen die Hunde, die zum Beispiel als Schutz-, Hirten-, Polizei – oder Blindenhunde wertvolle Arbeit verrichten).

Dann kamen die Huskys in mein Leben. Und auch diese – von Vielen als unerziehbar und ständig alles zerstörende und ausreißende Hunde bezeichnet – sind einfach wundervolle, entspannte Wesen. Wenn man sie lesen kann und ihnen das Leben ermöglicht, was sie brauchen, um sich wohl zu fühlen. Unser Husky-Rudel ist für mich eine tägliche Lehrstube an Sozialverhalten … ich liebe sie mit meinem ganzen Herzen und danke ihnen für jede Lektion, die sie mir erteilt haben.

Unser Husky-Rudel und Gasthündin Wahya beim Training

Bei einer Tour durch den Zeisigwald

„Hund“ kann man nicht theoretisch studieren – wohl sich Kenntnisse über die verschiedenen Rassen aneignen, deren individuelle Ansprüche lernen (z.B. Schutz-, Herden-, Hirten- oder Begleithund) und bestenfalls den Hund, den man sich für sein eigenes Leben ins Haus holt, nach diesen Kriterien wählen. Aber Körper-, Lautsprache innerartlich oder gegenüber fremden Rassen (Mensch, andere Tiere) kann man nur erfahren, wenn man sich mit ihm beschäftigt, sich selbst auch manchmal zurücknimmt und hinterfragt, was man dem eigenen Hund eigentlich signalisiert und wirklich beobachtet.

Genauso wie man unerwünschtes Verhalten aus meiner Sicht nicht brechen sollte, um es zu unterbinden. Man sollte dem Hund Alternativen bieten zu seinem – aus unserer Sicht – Fehlverhalten, ihm einen klaren Raum anbieten (denn Hunde lernen unter anderem ! über Räume) und vor allem: ihn respektieren als ein Wesen, welches uns in seinen Sinnen haushoch überlegen ist. Damit meine ich nicht nur den Geruchssinn, der dem Hund eine unbeschreibliche Welt an Eindrücken bieten muss, sondern auch sein Gehör, seine Fähigkeit, sich Dinge zu merken, vorurteilsfreie Freundschaft, die er uns entgegenbringt, seinen gigantischen Laufapparat, seinen Tast- und Spürsinn. All diese Dinge macht er tausendmal besser als wir mit unserem begrenzten Empfindungs-Wesen und doch meinen wir, überlegen zu sein?

Und unser Fellkind hat uns noch etwas Entscheidendes voraus: seine geniale Beobachtungsgabe. Da er die meiste Zeit seines Tages mit uns „arbeitslos“ ist und scheinbar vor sich hin döst, hat er seine Gabe perfektioniert, uns zu beobachten und einzuschätzen. Unsere Reaktionen auf die verschiedensten Reize, wie Gespräche, Medien, unsere Gewohnheiten, unsere Abläufe und die Gerüche, die wir – unseren menschlichen Nasen meist verborgen – durch hormonelle Prozesse wie Freude, Ärger, Heiterkeit, Frust usw. aussenden. Und er hat sich diesen Prozessen hervorragend angepasst und kennt unsere Verhaltensweisen besser als wir selbst. Der Hund bietet uns alles an, was er hat und wir Menschen geben ihm dafür unsere Zuneigung, Ressourcen (Futter, Heim) und wenn wir uns wirklich anstrengen, auch einigermaßen artgerechte Auslastung. Aber das ist ein anderes Thema, auf welches ich später noch eingehen werde. Und er möchte von uns nichts Anderes, als dass wir lernen, ein wenig „Hund“ zu sprechen und ihm klar zu signalisieren, wer wo und an welcher Stelle das Sagen hat und welche Möglichkeiten er hat, uns zu verstehen und damit auch unsere Entscheidungen als sinnvoll zu akzeptieren.

Ich weiß, meine nachfolgenden Zeilen lesen sich an mancher Stelle durchaus massiv, aber sind wir das nicht als Menschheit gegenüber dem Hund?
Kein Lebewesen auf der Erde geht so mit einem Anderen um wie wir Menschen.
Das ist die bittere und traurige Wahrheit, die wir alle kollektiv gern von uns wegschieben und verleugnen.

Was ich noch bemerken möchte, ist, dass ich kein weiteres Fachbuch über Hunde-Ausdrucksverhalten schreiben und auf den Markt werfen möchte. Erstens gibt es dazu schon genug und teilweise fabelhafte Literatur und zweitens ist mein Anliegen ein anderes: Ich möchte unsere gesellschaftliche Einstellung zum Hund ein wenig auf den Prüfstein legen, sagen, was mir daran nach fast zwanzig Jahren „im Fach“ nicht gefällt. Ich möchte gerne, dass wir wieder einmal auf den Boden kommen und reflektieren, wie wir mit einem uns so nahestehenden Wesen teilweise umgehen. Es ist mir sehr wichtig, dass Sie meine Beweggründe verstehen, warum ich des Öfteren ziemlich drastisch schreibe.

Ich wünsche mir ein „Weg“ von mit halbherzigem Fachwissen gespickten Anleitungen zum Hund und ein „Hin“ zu einem natürlicheren und respektvollen Umgang mit dem Hund.
Denn ganz ehrlich: Der Hund, seine Sinne und sein Verhalten sind so komplex, dass er einige Geheimnisse immer bewahren wird.
Und das ist gut so.

2.1. Die Philosophie meiner Arbeit

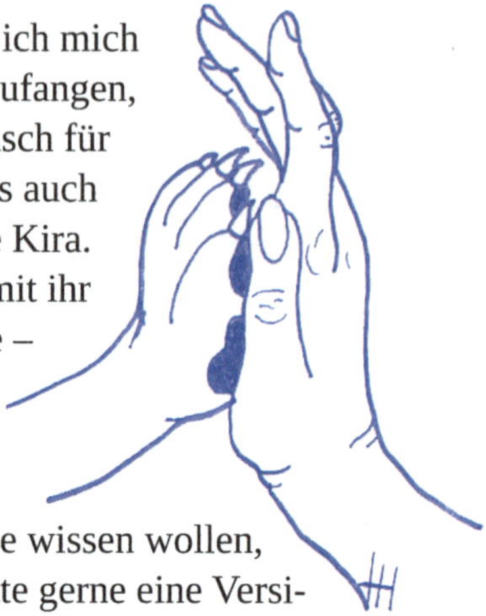

In der Mitte meines beruflichen Lebens habe ich mich entschlossen, noch einmal ganz von vorn anzufangen, Tierliebe zum Beruf zu machen. Und da Mensch für gravierende Veränderungen Mut und meistens auch einen Anlass braucht, half mir meine geliebte Kira. Bei ihr stand die Kastration an und ich ging mit ihr zum Tierarzt. Für ihn war es tägliche Routine – für mich war es wie für jede Tiermama – Ausnahmezustand. Ich hatte Angst vor dem Eingriff und hätte gerne ein ausführliches Gespräch mit dem Tierarzt gehabt, hätte gerne wissen wollen, was ich nach der OP alles beachten muss, hätte gerne eine Versicherung für mein Mamaherz gebraucht, dass da nichts schiefläuft und alles gut wird.

Die OP verlief komplikationslos und relativ schnell und dennoch vergesse ich das Gefühl nicht, als ich durch die Tür das Hautklammergerät tackern hörte. Es war mein Fellbaby und ich litt sprichwörtlich wie ein Hund mit – so geht es wohl jeder Tiermama.

Wieder zu Hause, legte ich die noch schlafende Kira intuitiv warm und beobachtete mit Herzklopfen, wie sie langsam zu sich kam und sich schwankend wieder erheben wollte. Ich hatte eine Halskrause – ein riesiges Plastemonstrum – mitbekommen und zerfloss in Mitleid, wie sie später, überall anstoßend zu ihrem Wassernapf wankte.
Sie erholte sich langsam und nach der für Kira auch sehr beängstigenden, weil arg hastigen Nachuntersuchung, zu welcher die Klammern entfernt wurden, stellte ich fest, dass ich mich – auch wenn der Tierarzt ansonsten einen vernünftigen Job gemacht hat – weder beraten noch verstanden gefühlt habe.
Und so war Kira mein Stein des Anstoßes – ich beschloss, Tierheilpraktikerin zu werden.

Ich habe in einem anderen Kapitel schon geschrieben, dass ich – nach steinbockartiger Gründlichkeit, denn das ist mein Sternzeichen – meine Ausbildung durchgezogen und durchlebt habe. Es waren viele Jahre voller neuer Materie:
In einem Institut absolvierte ich eine zweijährige Ausbildung zum Tierheilpraktiker, die mir leider zu theoretisch, weil mit zu wenig Praxisanteil war. Sicher legte sie eine Grundlage für das Erlernen von Anatomie, Physiologie und Pathologie, aber ich wollte von Anfang an auch praktisches Wissen erwerben.
Also fragte ich eine Landtierärztin in meinem Umfeld nach Praktika und durfte von ihr im Rahmen ihrer Sprechstunde sehr viel lernen. Noch heute arbeiten wir in einigen Fällen zusammen und auch für die Behandlung unserer Hunde vertraue ich ihr und bin sehr dankbar, dass wir uns kennengelernt haben.

Darauf folgten weitere Lehrgänge in Tierpsychologie, Tierhomöopathie, Bioresonanztherapie und einige Seminare. Aber eines lernt man in keinem Lehrbuch:
den Umgang mit dem Tier und den Umgang mit seinem dazugehörigen Menschen. Und diese beiden stehen in meiner Praxis im Vordergrund.

Ich habe vielleicht zu Ungunsten von Effizienz entschieden, aber ich möchte, dass sich jeder Hund bei mir gut aufgehoben fühlt, dass ich mir die Zeit nehme, ihn kennenzulernen und vor allem, dass ich dem Hund Zeit gebe, meine Praxisräume und mich kennenzulernen. Bei mir wird kein Hund überfallartig untersucht und behandelt. Jeder Hund darf schnüffeln gehen, erst einmal was trinken, darf den Raum auf sich wirken lassen und meine Person lesen. Erst wenn der Hund entspannt ist, werde ich auf ihn zugehen und ihn untersuchen und behandeln. Sei es mit Bioresonanz oder mit anderen naturheilkundlichen Methoden. Heilung braucht Zeit – Behandlung auch.

Husky-Hündin Akira während der Therapie

Natürlich gibt es auch kleine Rambos, die meinen, in meiner Praxis die „Weltherrschaft erringen zu müssen“ und die mich anspringen oder in anderer Form dominieren wollen. Aber in den meisten Fällen – und so bestätigen es mir viele Hundehalter – wissen die Hunde intuitiv, dass sie das bei mir nicht probieren brauchen und wir in Ruhe zu einem guten Ergebnis kommen.

Sehr viele Hundehalter sagen mir, dass sich ihr Hund bei mir ruhiger verhält oder dass er meinen „Anweisungen“, die ich während der Therapie gebe, folgt – während es bei manchen Hundehaltern ihrer ehrlichen Aussage nach nicht so zuverlässig klappt. Ein Hundehalter sagt sehr oft wörtlich:

„Na bei dir macht die das.“Und ich möchte ihnen sagen, dass ich keinesfalls die Lehre vom Hund mit den sprichwörtlichen Löffeln gefressen habe. Im Gegenteil: Ich habe mein menschliches Ego zurückgenommen und das Meiste vom Hund gelernt. Nichts lehrt einen mehr über den Hund und sein natürliches Verhalten als respektvolle Beobachtung dieses wundervollen Wesens.
Und wenn man den Hund respektiert als ein Wesen mit phänomenalen Sinnen und einem ebensolchen Sozialverhalten, dann kommt man von seinem hohen Ross „Mensch“ runter und braucht in der Regel keine aus meiner Sicht oft sehr zweifelhaften Methoden, den Hund zu dominieren. Der Hund bietet einem an, von ihm zu lernen und er lernt von uns und das!! nenne ich eine sinnvolle und für beide Seiten lebenswerte Partnerschaft mit einem Wesen, was viele von uns Familienmitglied nennen.

Und der Hundehalter: Ich möchte, dass dieser bei mir versteht, was der Ansatz einer ganzheitlichen Diagnose und Therapie ist. Ich möchte seine Fragen beantworten und ihm zur Seite stehen – weil ein krankes Hundekind nun einmal das Fiasko schlechthin für seine menschlichen „Eltern“ ist. Mein Ansatz ist, dass die Menschen verstehen, dass es in Sachen Gesundheit meistens kein isoliertes Problem gibt. Der Hund, der mit Futter überliebt wird, wird außer seinem Übergewicht nun einmal schneller Arthrose bekommen, weil er viel zu viel Gewicht schleppt – um einmal ein Beispiel zu nennen.
Ich möchte, dass Sie als mein Kunde verstehen, dass Hund auch krank werden kann und diese Erkrankung nicht mit einer Spritze oder Tablette einfach ins Nichts verschwindet.

Gemeinsam können wir Ursachen finden, die die Erkrankung begünstigt und gemeinsam an der Heilung Ihres Lieblings arbeiten.
Ich lege in meiner Sprechstunde nur den Grundstein, indem ich die Selbstheilungsprozesse ihres Hundes „anschubse“. Sie sind genauso wichtig und meine linke Hand, denn Sie sollen bitte so füttern, wie wir es besprechen – auch wenn Kuno den bettelnden Hundeblick aufsetzt – und Sie sollen ihn bitte so bewegen, wie wir es besprechen

und Sie möchten bitte die naturheilkundlichen Mittel, die ich Ihnen ggf mitgebe, wirklich regelmäßig und unabhängig vom Futter eingeben. Damit will ich Ihnen verdeutlichen, dass Sie im Prinzip mein Cotherapeut sind – ich brauche und ich erwarte im positiven Sinne Ihre Mitarbeit.

Deshalb nehme ich mir für jeden Hund und Sie als Hundehalter eine Stunde Zeit – damit keine Fragen offenbleiben. Und deshalb bestelle ich immer stundenweise, damit kein Tier in meiner Praxis Stress empfinden muss.

Schäferhund Neo in meiner Sprechstunde

Als kleine Anekdote dazu kann ich anmerken, dass sehr viele meiner mittlerweile über tausend Kundenhunde zu Hause schon – so wird es mir erzählt – schwanzwedelnd los wollen, wenn Frauchen sagt: „Es geht zur Conni“ und die meisten Hunde kennen genau den Eingang zu meiner Praxis und ziehen Frauchen genau dahin, wenn sie in die Dorotheenstraße einbiegen. Das – glauben Sie mir – ist der beste Lohn für das Herzblut, was ich in meine Tätigkeit stecke.

Rüde „Ari“ in meiner ersten Praxis in einem Gewerbegebiet. Mittlerweile befindet sich meine Tierheilpraxis in Chemnitz.

Ich kann nicht jeden heilen – das kann niemand. Aber ich kann mein Bestes für ihren Hund geben, das ist die Philosophie meiner Arbeit. Jeder Hunde- oder Katzenhalter, der mir sein Tier anvertraut, kann sicher sein, dass ich immer ehrlich hinsichtlich der Grenzen der naturheilkundlichen Methoden bin und seinen Liebling zum Tierarzt überweisen werde, wenn ich feststelle, dass ich ihm mit meinen Mitteln nicht helfen kann. Und diese Ehrlichkeit ist die Basis des Vertrauens, die meine vielen Kunden in mich und meine Arbeit setzen.

2.2. Fallbeispiel: Magyar Viszla

Liebe Hundehalter, bevor Sie sich einen Hund nach Ihren Vorlieben zulegen, schauen Sie doch bitte kritisch in den Spiegel. Was können Sie leisten, um den Hund nach seinen angezüchteten Merkmalen oder der zufällig verpaarten Eigenschaften zufriedenzustellen?

Sie lieben zum Beispiel den Magyar Viszla mit einem wunderschönen, kraftvollen Körperbau, der als Vorstehhund zur Gatung der Jagdgebrauchshunde gehört.

Versetzen Sie sich einmal in die Lage, was der Hund trotz all Ihrer Liebe und dem guten Futter durchmacht, wenn er nicht jagdlich geführt wird oder wenigstens einen sehr sportlichen und einfallsreichen Halter hat.

Drehen wir das zur besseren Verdeutlichung einmal anders herum:
Sie haben das Glück, gute Gene, einen sehr sportlichen Körper und eine sehr hohe Intelligenz vererbt bekommen zu haben, Sie haben gerade erfolgreich Ihr Abitur gemacht und möchten gerne einen handwerklichen Beruf mit geistiger und körperlicher Auslastung erlernen, um perspektivisch Ihre eigene Klempnerfirma zu gründen. Sie wollen sich bewegen, mit Ihren Händen etwas Greifbares schaffen und wollen abends ausgelastet, müde und glücklich ins Bett fallen.

Ihre Eltern aber haben ihre eigenen Vorstellungen vom Glück ihres Sohnes. Schließlich haben Sie ein Einser-Abi – also wird Betriebswirtschaft studiert und Sie werden irgendwann am PC und dem dazugehörigen Schreibtisch sitzen und die Karriereleiter ganz nach oben klettern. Denken Sie sich bitte in den Konflikt hinein, den Sie als Sohn durchleben würden.

Aber die Eltern sitzen am längeren Hebel: Sie finanzieren nämlich bislang Ihr Leben und Ihr Studium und so müssen Sie sich ihnen beugen. Fühlen Sie sich einmal in diese Situation hinein. Denken Sie, dass Sie ein glückliches und erfülltes Leben haben? Nein!!, schreit Ihr Inneres und Sie widersetzen sich.

Sie brechen aus – werden, aus menschlicher Sicht gesagt, verhaltensauffällig, werden widerspenstig und kämpfen für Ihr Recht auf ein Leben, das Ihren Neigungen entspricht. Jeder Leser wird sagen: Ja mach das, Du hast ein Recht auf ein erfülltes Leben … und der Viszla?

Dieser Gedanke führt mich zu einem Hausbesuch, den ich vor Jahren erlebt habe.

Ich wurde zu einem 2-jährigen Viszla Rüden gerufen, der massive Hautausschläge als Symptom zeigte. Einige Tierärzte hatten sich schon an seinem Ausschlag versucht und sämtliche Medikamente zeigten keine Wirkung.

Ich traf auf einem wunderschönen Grundstück am Stadtrand ein schon betagtes Ehepaar an, die ihren Hund wirklich liebten, aber verzweifelt ob der massiven Tierarztkosten, des Spezialfutters und der vielen Medikamente waren. Hund hatte ein, zwei Kilo zu viel „Liebe“ auf den Rippen und das Hautbild war ein Trauerspiel. Und so sehr sich die Leute bemühten, Glück war in seinen Augen nicht zu lesen.

Um körperliche Ursachen auszuschließen, untersuchte ich ihn gründlich, erstellte einen Vitalstoff-Test und ging mit Mensch und Hund vor die Tür um zu sehen, wie er sich verhält.

Das Ergebnis meiner Untersuchungen stellte klar, dass Hund einfach zu viel Energie „auf dem Teller“ und zu wenig Auslastung als Ausgleich hatte.

Die beiden älteren Herrschaften schauten nicht gerade glücklich auf das Ergebnis meiner Untersuchung. Denn sie gaben sich nach ihrem Ermessen große Mühe mit ihm. Ich merkte, dass sie in innere Abwehr gegen meine Befundung gingen und sagte ihnen: „Ich weiß, dass Sie Ihren Hund lieben und das Beste für ihn wollen, sonst hätten Sie mich nicht gerufen. Jack soll natürlich Ihr Hund bleiben und er hat hier ein wunderschönes Zuhause. Aber Sie möchten doch auch, dass er glücklich, gesund und artgerecht leben kann.“ Natürlich hegten sie Zweifel, denn sie hatten doch schon so viele Tierärzte aufgesucht, Medikamente und Futter genau nach Anweisung gegeben. Und nun soll die Lösung allen Übels Bewegung und Auslastung sein? So einfach? Und doch so schwer: Weil wie sollten die beiden älteren Menschen dem Hund so viel Auslastung zukommen lassen?

Also unterbreitete ich ihnen den Vorschlag, sich einen sportlichen Menschen im Umkreis ihres Zuhauses zu suchen, der wenigstens 3 - 4 mal die Woche mit ihm joggen oder Hund am Rad mitnehmen kann. Die anderen Tage in der Woche sollten sie mit ihm im Grundstück spielen (Ball, Frisbee) und einen „normalen“ Spaziergang unternehmen.

Als ich nach 6 Wochen wieder zum Kontrollbesuch kam, traf ich beidseits viel glücklichere Gesichter an. Das Hautbild hatte sich entscheidend verbessert und man berichtete mir, dass eine junge Frau, welche ein paar Häuser weiter wohnt, 4 mal in der Woche mit Hund joggt und Jack danach zufrieden und ausgelastet schläft und nicht mehr unruhig durch das Haus tigert.

Die Medikamente konnten reduziert und schließlich ausgeschlichen werden und die Ernährung wurde durch mich auf sein Energie-Level angepasst. Jack ist heute Hunde-Opa und schaut auf ein ausgefülltes, liebevolles Leben zurück. So soll es sein.

3. Die Anfänge der Manipulation

Der Hund ist ein Raub- und ein Lauftier – PUNKT

Ich möchte die Geschichte kurz abhandeln, denn es gibt sehr viele unterschiedliche Quellen über die Anfänge der – ich nenne es einmal so – Kooperation zwischen Mensch und Wolf bzw. Hund.
Der Hund ist ein Raub- und Lauftier Punkt!
Beides scheinen viele Menschen vergessen zu haben. Vor circa 15.000 Jahren wurde der Wolf domestiziert, wobei hier die Aussagen der Wissenschaft und der Fachliteratur weit auseinander gehen. Man sagt, die Selektion habe jene begünstigt, die besser um Futter gebettelt hätten und weniger aggressiv gewesen wären.
Warum der Mensch das damals getan hat, ist nicht 100-prozentig überliefert. Ob der Wolf für diverse Arbeiten genutzt wurde, oder ob der Mensch Sympathie für ihn empfand, wir werden es nicht 100-prozentig in Erfahrung bringen können.

Warum so ein kluges Individuum, ausgestattet mit einer perfekten Anatomie, sich uns angeschlossen hat – wobei in der Fachliteratur gemeinhin von Domestizierung gesprochen wird, was ja heißt, dass der Mensch sich den Caniden „gefügig“ gemacht hat, kann ich nur insofern nachvollziehen, dass er auch einen Vorteil in Sachen Ressourcen gezogen hat und somit nicht mehr auf kräftezehrenden Beutezug gehen musste.

Eines kann man aus heutiger Sicht aber sagen: Schaut man sich viele Rassen an, die der Mensch nach Frankenstein-Manier gezüchtet hat, ist von dem Respekt gegenüber einem stolzen Wildtier nicht mehr viel übrig geblieben. Vom Lauftier bei vielen Rassen schon gleich gar nichts mehr. Der Mensch hat in die Natur eingegriffen und sie sich zurechtgebogen. Hat Wesen erschaffen, die er Familienhund, Begleithund, Schutzhund, Hütehund, Hirtenhund – nennt, wobei letztere Rassen noch das Glück haben, einen Job auszuführen, wenn sie zum Beispiel bei einem Schäfer wohnen.

Ansonsten fristen leider viele Hunde lediglich ein an den Menschen angepasstes Dasein, was der hundlichen Natur sehr wenig entspricht. Hier geht die Schere weit auseinander, angefangen beim sehr respektablen Menschen, der sich aus Liebe zum Hund für einen solchen entscheidet. Bei diesen Menschen geht es Kuno meist gut. Er erfährt dort Respekt für seine Bedürfnisse, das heißt unter Anderem, dass er Liebe und annähernd gute Auslastung bekommt, Hund auch Kontakt zu Artgenossen haben kann. Sei es beim Gassigang in Stadt, Land, auf dem Hundeplatz oder in Hundesportvereinen. Er bekommt ausreichend Futter und für seine Gesundheit wird gesorgt.

Dann gibt es Hunde, die sprichwörtlich totgeliebt werden, bei denen die Liebe zum Hund zu sehr und im Verhältnis zu mangelnder Bewegung über den Hundenapf und die Gabe von Leckerli geht. Diese Hunde mutieren vom Lauftier sprichwörtlich zum Couch-Potato, leiden oft frühzeitig an Fettleber und später, weil sie viel zu viel Gewicht mit sich tragen, an Arthrosen und sonstigen degenerativen Erkrankungen des Bewegungsapparates.

Es gibt viele Menschen, die im Herzen zwar Hundeliebe tragen, aber Geschmack an verschiedenen Hunderassen über eine vernünftige Auswahl eines passenden Vierbeiners stellen. Diese Menschen übernehmen sich anfangs sehr mit ihrem Fellchen, verlieren aber recht schnell die Lust am aktiven Leben mit Hund und diese Seelchen werden dann oft Tierheimbewohner oder über Ebay und sonstige Portale weitergereicht. Dass dies der Hundeseele, die sich sehr offen und mit ganzem Hundeherz an seinen Menschen bindet, sehr schadet, brauche ich sicherlich nicht betonen. Deshalb ist mein Rat an solche Menschen: Bevor Sie sich entscheiden – und wenn Sie sich noch nicht ganz sicher sind – gehen Sie regelmäßig in ein nahegelegenes Tierheim und werden sie ein sogenannter Gassigänger. Das heißt, führen Sie Tierheimhunde aus. Wenn Sie dies erfüllt und glücklich macht und wenn Sie Freude an der Bewegung mit Hund dauerhaft verspüren, dann sind Sie ein ganzes Stück dazu bereit, einem Hund ein festes Zuhause zu geben und ein Hundeleben lang ein zuverlässiger Partner für ihren Fellfreund zu sein.

Mamid (vorn) und Tala

4. Die Industrialisierung des Hundes

Eines verstand die Spezies Mensch wohl von Anfang an – nämlich, sich die Natur und in diesem Fall das Tier zu Nutze zu machen. Der Mensch ist sehr arrogant und meint natürlich, an der Spitze der Schöpfung zu stehen, sie zu besitzen und nach seinen Befindlichkeiten zu modellieren.

Keinem Tier würde in den Sinn kommen, derartigen Raubbau an Mutter Erde zu betreiben, wie wir es tun. Wir denken, wir haben das Recht darauf. Und so nahm zum Beispiel die Modellierung des Urvaters des Hundes, des Wolfes, ihren Lauf. Beginnen wir also einmal über die Zucht nachzudenken. Und was wir manchen Lebewesen damit antun.

Die Zucht

So ist die Gattung Mensch. Alles wird irgendwie zu Geld gemacht. Davon blieben auch die Hunde nicht verschont:Erstes Gewinnobjekt – der Hund selbst.

„Stockholm – Sensations-Entdeckung: Die ersten Hunde stammen aus China. Dort wurden sie vor 16.000 Jahren nicht als Jagd- oder Wachhunde gehalten. Sie endeten im Kochtopf. Die weltweit ersten Hunde wurden südlich des Jangtse-Flusses gezüchtet. Das haben schwedische und chinesische Forscher mit genetischen Analysen herausgefunden. Wie am Mittwoch aus dem Königlichen Forschungsrat in Stockholm verlautete, hat man damit zum ersten Mal “genau auf den Punkt“ einkreisen können, wo und wann wie viele Wölfe als erster Hundestamm gezähmt worden seien.

Als “aufregend“ stufte Molekularbiologe Peter Savolainen auch die Entdeckung ein, dass die ersten chinesischen Hunde nicht wie ihre späteren Nachkommen in Europa als Hirten- oder Wachhunde eingesetzt wurden, sondern “wahrscheinlich in menschlichen Mägen endeten“.

Man habe die Wölfe wohl zunächst gezähmt, um die neuen Haustiere als Nahrung zu nutzen, meinte Savolainen: “Gerade in Südchina gibt es das ja heute noch.“ Erst später sei den Züchtern aufgegangen, dass man Hunde auch anders einsetzen kann.“

Zitat: HNA Verlag Dierichs GmbH & Co KG, Frankfurter Straße 168, 34121 Kassel

So sah die Geburtsstunde des unrühmlichen sich (dem Menschen) zu Nutze Machens des Hundes aus. Und bei tiefgreifenderem Interesse kann jeder von Ihnen bei Wikipedia nachlesen, wie sich die Zucht und die Modellierung des Hundes für verschiedenste Nutzzwecke weiter entwickelte. Wie groß das Trauerspiel ist, gestaltet sich von Rasse zu Rasse verschieden.

Fakt ist: Je nach Mode, Art der Nutzung wurde Urtyp Canide verkleinert, vergrößert, die gesamte Biologie nach allen Regeln der Kunst verbogen, um am Ende einem Zweck zu dienen: dem Mensch. Als Luxusobjekt, Arbeitsmittel, Prestigeobjekt, um sie heute, neben den Hunden, die zum Beispiel als Hüte-, Herdenschutzhunde, Spürhunde, Blindenhunde usw. eine echte Bereicherung und Unterstützung menschlicher Arbeit in unserer Gesellschaft sind, als besten Freund des Menschen zu bezeichnen. Und einem Freund will man doch nur das Beste – oder?

Resümee: Es begann mit der Zucht und den dazugehörigen Züchtern, die sich in Verbänden organisieren, um nach sogenannten Rassestandards den Hund an das menschengemachte Schönheits- und Gebrauchsideal anzupassen.

„Der Verband für das Deutsche Hundewesen (VDH) e. V. ist ein Dachverband von 175 Hundezucht- und Hundesportvereinen mit mehr als 600.000 Mitgliedern. In den 158 Zuchtvereinen des VDH sind rund

OHREN ◁ 3 ▷
KOPF ◁ 2 ▷
RUMPF ◁ 1 ▷
PFOTEN ◁ 5 ▷
SCHWEIF ◁ 1 ▷
= 2.000 €
KAUFEN
BASTELN SIE IHREN WUNSCHHUND HIER!
WWW.WUNSCHHUND.DE
Google.de

8.000 Züchter organisiert. Zur Zucht dürfen nur gesunde, verhaltenssichere und rassetypische Hunde zugelassen und eingesetzt werden.“ (Zitat Homepage VDH)

Möchte ein Hundehalter seinen Rassehund zur Zucht zulassen, muss er folgende Voraussetzungen erfüllen: eine HD-Untersuchung, den Nachweis des genetischen Fingerprints mit Hilfe einer Blutprobe und eine erfolgreiche Teilnahme an zwei Ausstellungen mit mindestens SG (sehr gut) als Ergebnis.

Hier kommen wir zum nächsten Aspekt der Industrialisierung: Was benötigt man neben seinem Hund alles für eine Ausstellung?
Bei allen langhaarigen Rassen auf jeden Fall einen Hundefriseur.
Meist hat man auch ein eigenes Arsenal an Bürsten, Shampoos, Haarschmuck (zum Beispiel für den Yorki), Halsbänder und Leine – extra für die Show, damit man sich auch gut präsentiert, Ringtraining bezahlt oder ehrenamtlich, Boxen für die kleineren Hunde zur Überbrückung der ewigen Wartezeit, bis man endlich an der Reihe ist usw. usf.

Ein gutes industrielles Potential, um Geld zu verdienen mit Zubehör aller Art / sinnvoll oder sinnfrei, liegt im Auge des Betrachters.
Meist gibt es ja im Rahmen dieser Ausstellungen auch in rauen Mengen Verkaufsstände, wo der Hundehalter sich käuflich auf den neuesten Stand bringen kann.

Am wenigsten profitiert der Hund davon; dem ist es egal, ob V1 oder SG … In den meisten Fällen bedeutet es für den Hund einen ziemlichen Stress, damit der Hundehalter mit geschwellter Brust die Halle verlassen und auf Facebook seine tollen Ergebnisse präsentieren kann.

Durch meine Tätigkeit spreche ich mit sehr vielen Hundehaltern und weiß von der teilweisen Subjektivität und dem Goodwill mancher Richter auf Ausstellungen. Auch ein Richter ist ein Mensch mit guten und schlechten Tagen, mit Sympathien und Antipathien und mit Vorlieben.

Was ich bei dem ganzen Spektakel vermisse, ist: Wo ist die Tierliebe geblieben, die Einsicht, dass man mit kurzen Nasen nicht gut atmen kann? Ohne Fell nicht wirklich lebensfähig ist als Hund? Dass immer längere Schlappohren für den Hund bedeuten, dass sie entweder vor jedem Fressen zusammengebunden werden oder im Hundefutter landen? Dass gezüchtete Glubschaugen in jedem Gebüsch zur Gefahr werden? Dass die gewollte Anatomie der meisten Molosser dazu führt, dass diese durch die verkürzten Beine (im Vergleich zu ihrem Rumpf) frühzeitig zu Erkrankungen im Bewegungsapparat neigen? Die vielen Falten im Gesicht und Körper zu Entzündungen führen?
Dass des Dackels zu langer „Radstand“ in tausenden Fällen zum Bandscheibenvorfall wird?
Man könnte diese Liste ewig fort führen …, aber viele Züchter und Hundehalter sind einfach blind für rassetypische Erkrankungen.
Man hat ja nach dem Rassestandard gezüchtet – also ist alles erlaubt!
Wie vereinbart sich das mit Ethik und Gewissen?
Warum werden die Erkrankungen und das Leid der Tiere durch Zucht einfach hingenommen und tunlichst übersehen?

Wir züchten Nackthunde, Handtaschenhunde,manipulieren Größen, Farben, Charaktereigenschaften, „bauen“ Nasen, die keine Luft bekommen, verkürzen den Fang, die Beine, kupieren Schwänze und Ohren, mischen Fellfarben, verpassen ihnen lächerliche „Frisuren“ nach sogenannten Rassestandards und … fühlen uns noch wohl dabei? Nennen uns Hundefreunde?

Mein Resümee ist, dass sich der Mensch gemeinhin nicht allzu viele Gedanken darüber macht, welche züchterischen Umtriebe zum Vierbeiner seiner Wahl geführt haben.

Seit Kurzem macht in den Medien ein Wort die Runde: Qualzucht. Und allein dieses Wort ruft Spekulationen auf den Plan, wird in den Boulevardmedien Halbwissen verbreitet und so mancher Züchter vom Dackel bis zum Molosser macht sich sicherlich panisch Gedanken um sein Geschäft.

Fakt ist bislang, dass einige rassespezifische Eigenschaften wie kurze Beine, flache Nasen und vieles mehr, was ich eingangs schon beschrieben habe, dem gezüchteten Hund gesundheitliche Qualen bereiten können und ganz ehrlich? Ich würde mich freuen, wenn dem endlich zu Gunsten der Hundegesundheit Einhalt geboten würde.
Und Fakt ist weiterhin, dass bislang das Bundeslandwirtschaftsministerium lediglich an einer Konkretisierung des Tierschutzgesetzes arbeitet, das künftig Qualzuchten von Haustieren verbieten soll. Geplant sei eine Liste von Symptomen mit Merkmalen wie Blindheit oder zum Beispiel Gebissfehlstellungen, die Züchtern zu erkennen helfen soll, ob die durch sie geplante Zucht gegen das Qualzuchtverbot verstößt. Somit ginge es nicht gegen ein Verbot bestimmter Rassen, sondern nur gegen einige Zuchtmerkmale, die eben mit der Qualzucht kollidieren. Hierzu soll eine Verschärfung des Wortlautes der entsprechenden Gesetze vorgenommen werden.
Schwammiger geht's nicht? Vielleicht etwas halbherzig anmutend? Wir werden sehen, wie das Ergebnis aussehen wird.

Während ich dies schreibe, habe ich Bilder von Förderbändern im Kopf, auf denen männliche Küken zum Schredder transportiert werden – natürlich seit Neuestem in Polen. Oder Mutterschweine in Kastenhaltung, da ist jede Minute Qual und zu viel. Und „Vieh“-Transporter auf der Autobahn, in deren kleinen Öffnungen man Augen von Rindern sieht – panisch und traurig.
Wie können Menschen so verrohen, dass dies auch nur einen Tag möglich ist??

Positiv zu bewerten und beispielgebend ist wiederum, dass die Qualzuchtmerkmale der Englisch Bulldogge in Großbritannien und Wales nicht mehr vermehrt werden sollen. Dan O´Neill vom Royal Veterinary College tituliert: „Angesichts der anhaltenden Popularität der Rasse sollte die Körperform der typischen Englischen Bulldoggen als Haustiere in Richtung moderaterer körperlicher Eigenschaften neu definiert werden.“

So erfreut sich jetzt die Old English Bulldogge mit weniger Faltenbildung und einer etwas längeren Nase sowie mit weniger Vorbiss vermehrter Beliebtheit bei den Hundefreunden.
Vielleicht noch ein abschließender Gedanke zum Thema Zucht:
Braucht es wirklich erst ein Gesetz, das uns verbietet, wissentlich Wesen zu züchten, die durch unsere Schuld gesundheitliche Beeinträchtigungen erleiden? Sind wir Menschen immer noch so oberflächlich und blind gegenüber tierischem Leid? Es heißt, der Verbraucher regelt den Markt. In diesem Fall sind es wir Hundehalter. Also haben wir auch die Macht zu fordern, dass der gezüchtete Hund eine gesundeAnatomie aufweist, was nun einmal die Voraussetzung für ein glückliches Hundeleben ist.
Und wir sollten einmal in uns gehen und uns fragen, ob „Knietsch-Gesichter“ wirklich so toll sind und so niedlich und ob diese verkürzten und verfalteten Hundegesichter, die dadurch schlechter Luft bekommen – bei jedem Atemzug – und ihr Hundeleben lang, wirklich sein müssen? Wir nennen uns Hundefreunde und nehmen billigend in Kauf, dass aus Zwecken wie zum Beispiel dem Rattenfangen – was in heutiger Zeit nicht einmal mehr erforderlich ist – unser „bester“ Freund Faltenpyodermien (Entzündungen) erleidet, den Kopf beim Schlafen gern höher legt, weil er offenbar schlecht Luft bekommt usw. usf.
Wir können das Rad der Geschichte nicht zurück drehen. Und aus der Geschichte heraus sind viele Hunde-Qualzuchten betrieben worden. Aber wir können dafür sorgen, dass die Zukunft unserer Vierbeiner gesünder und erfreulicher ist.

Helfen Sie mit –
ich bitte Sie von Herzen darum.

5. Tiermedizin = Industrialisierung?

Es gibt ein Lehrbuch mit rassetypischen Erkrankungen von Hunden, welches ich mir während meiner Ausbildung zugelegt habe.
Und dies führt mich zum nächsten Zweig der Industrialisierung des Hundes, der Tiermedizin.

„Nur ein krankes Haustier ist ein gutes Haustier" (Zitat eines Tierarztes)

Im Vorfeld möchte ich eines nachdrücklich betonen:

Ich praktiziere als Tierheilpraktikerin, respektiere und schätze jedoch genauso den Bereich der Tiermedizin. Besonders dann, wenn die Schulmedizin sinnvoll eingesetzt wird. Die Veterinärmedizin ist eine wunderbare Wissenschaft, die uns Menschen in die Lage versetzen kann, eine Vielzahl an Erkrankungen und Verletzungen unserer Tiere zu behandeln und unseren Haustieren Lebensqualität wiederzugeben bzw. zu erhalten.

In der Gegend, in welcher ich arbeite, gibt es einige Tierärzte, die mir nach gegenseitigem Vorstellen und Gesprächen ihr Vertrauen schenken. Daraus entsteht dann eine gute Kooperation aus Schul- und Naturmedizin. Und nach meiner langjährigen Berufserfahrung kann ich resümieren, dass die Kombination aus beiden Verfahren oft sehr gute Behandlungsergebnisse erzielt. Und so möchte ich an dieser Stelle einmal meinen Dank an die Tierärzte aussprechen, die für eine Zusammenarbeit offen sind. Und besonders auch an jene, die mir bei der Betreuung unseres eigenen Huskyrudels mitunter eine Große Hilfe sind.

Andererseits sind die Vorurteile weit verbreitet und sehr groß. Und wenn ich auch große Hochachtung vor dem Beruf des Tierarztes empfinde, darf ich an dieser Stelle anmerken, dass sie keine Götter in Grün sind und auch nicht den Alleinanspruch auf Ausübung eines Heilberufes am Tier erworben haben. Und auch unter den Tierärzten gibt es Fälle, denen ich ungern meine eigenen Tiere anvertrauen würde.

Neben den vielen auch der Naturmedizin tolerant gegenüberstehenden Tierärzten findet man auch Fälle, die vor Überheblichkeit und Intoleranz strotzen und selbst alles Andere als unfehlbar sind. Doch an diesen Tierärzten möchte ich mich nicht aufhalten, Unbelehrbarkeit kennt kein Alter und keinen Berufsstand. Aber als Tierheilpraktiker der „ersten Stunde", zu denen ich gehöre, hat man es nicht immer leicht, Akzeptanz und Anerkennung zu finden.

Denn, da die Berufsbezeichnung des Tierheilpraktikers nicht geschützt ist, gibt es eine Vielzahl von Tierheilpraxen, denen ich meine Hunde auch nicht anvertrauen würde, die – aus meiner Sicht relativ oberflächlich geschult – Leistungen anbieten, die auch ich nicht so akzeptieren kann. Solche Machenschaften empfinde ich genauso unverantwortlich, wie einige Institute – neuerdings befindet sich im meinem Wirkungskreis sogar eine Tierärztin –, die im Onlineverfahren, schnelles Geld verdienend, Tierheilpraktiker ausbildet. Da ist das Vorurteil gegenüber dem Tierheilpraktiker aus materiellem Nutzen ganz schnell vergessen.

So sind Hund, Katze, Maus zu einem Geschäftsmodell für einige Tierärzte geworden.
Viele Menschen, die gern im alternativen Bereich Tieren helfen und dies zu ihrem Beruf machen möchten, fallen auf solche Angebote herein, bezahlen sehr viel Geld dafür und erhalten dafür sehr oft mangelhaftes, meist nur theoretisches Wissen ohne jeden Praxisanteil. Am Ende der Kette stehen leider die tierischen Patienten, denen damit überhaupt nicht geholfen ist.

Ich habe jedoch, wie eingangs erwähnt, von Anbeginn meiner Ausbildung an mit einer Landtierärztin zusammenarbeiten dürfen und diese Zusammenarbeit hat sich bis heute bewährt. Aus diesen Erfahrungen leite ich den Wunsch ab, dass Schul- und Alternativmedizin besser zusammenarbeiten sollten. Dies wäre im Sinne einer erfolgreichen

Therapie vieler erkrankter Tiere ein Gewinn und wird ja auch im Bereich der Humanmedizin zunehmend und erfolgreich praktiziert.

Die Geschichte der Tiermedizin kann man gut im Internet nachlesen. Ich möchte jedoch kurz meine Eindrücke aufschreiben, die ich in den letzten zwei Jahrzehnten gesammelt habe.
Früher gab es die Landtierarztpraxis. Meist für die sogenannten Nutztiere, deren Leid ein Großteil der Menschheit genauso konsequent ignoriert.
Die Haustiere waren Nebengeschäft. Auch am Stadtrand gab es kleine Praxen, die jedoch auch mehr Groß- als Kleintiere medizinisch versorgten.
Die vergleichsweise geringe Anzahl von Hunden, Katzen und sonstigen Kleintieren regelte den Markt.
Erinnern wir uns an die 70er und frühen 80er, prägten der Pudel, der Deutsche Schäferhund, der Foxterrier und der Airedale Terrier das Stadtbild. Vereinzelt sah man auch Mittel- oder Riesenschnauzer. Auf Bauernhöfen eventuell den Rottweiler. Polizei und Grenzschutz setzte auf den Dobermann, Boxer und Schäferhund.

Lebte in DDR-Zeiten ein Hund oder eine Katze im Haushalt, kaufte man das sogegenannte Freibank-Fleisch. Nach Wikipedia „War die Freibank eine Einrichtung zum Verkauf minderwertigen, aber nicht gesundheitsschädlichen Fleisches, was aus der Schlachtung von Tieren stammte, die eigentlich nicht für die Schlachtung bestimmt waren, das heißt, die zum Beispiel durch Unfälle oder Notschlachtungen zu Tode gekommen waren.“ Laut Wikipedia waren die veterinärmedizinischen Untersuchungen erheblich gründlicher als bei allen Normalschlachtungen.

Manchmal oder mit guten Beziehungen (jeder ehemalige DDR-Bürger kann mit der Aussage schmunzelnd etwas anfangen) ergatterte man in den sogenannten Kaufhallen Innereien, wie Herz, Leber oder Niere. Schabefleisch war und ist bei Hunden und Katzen immer noch begehrtes Objekt der Begierde.

Viele ältere Kunden meiner Praxis, die schon ihr Leben lang mit Hund und Katz zusammenleben, stimmen in ihrer Aussage überein, dass die meisten Hunde kaum je einen Tierarzt gesehen haben. Es sei denn, die Jahresimpfung stand an oder eine Entwurmung. Wenn dies der Fall war, begab man sich in eine der rar gesäten Praxen oder die einzige Tierklinik der Stadt. Resümee: Hunde und Katzen wurden auch zu damaliger Zeit ihrer rassetypischen Lebenserwartung gerecht und wenn sie noch einmal über die Freibank-Geschichte nachdenken: Das BARF von heute ist eigentlich ein alter Hut, nur wurde damals nicht so viel Aufhebens davon gemacht. Denn es kam einfach aus der heimischen Küche noch das dazu, was man da hatte. Mal Nudeln, mal Kartoffeln, mal der aus regionalem Anbau von Möhren oder Bohnen erstellte Eintopf. Hund hat`s geschmeckt und merkwürdigerweise sind die massenhaften Erkrankungen des Verdauungssystems, Pancreatiten, Lebererkrankungen und nicht zuletzt die Allergien ein erst seit den letzten zwei Jahrzehnten sprunghaft angestiegenes Phänomen.

Was läuft da falsch? Oder anders gesagt – wo liegt der Nutzen? Sicher nicht bei Ihnen, lieber Tierhalter, der durch massenhaft mit verschiedensten Marken gefüllten Regale in Tierfuttermärkten, Beratungen bei Tier-Ernährungsberatern usw. am Ende total verunsichert und ratlos zurückgelassen wird, denn Sie wollen am Ende das Beste für Ihren Hund. Doch an dieser Stelle sei gesagt: Weniger ist meist mehr – auch in diesem Bereich.

Mit der Wende und der damit einhergehenden Öffnung aller Märkte vergrößerte sich sprunghaft die Artenvielfalt und damit auch die Notwendigkeit der medizinischen Versorgung der Haustiere. Anfangs kamen im städtischen Raum eine Vielzahl von Kleintierarztpraxen, später die Tierkliniken hinzu. Heute überzieht eine große Menge von Tierärzten mit Spezialisierungen, wie Zahntierarzt, Tierdermatologen, Fachtierärzte für Augen- und jegliche med. Fachrichtungen, den Markt. Die anfänglich eher moderate Ausstattung vieler Praxen maximierte sich auf Labor, Röntgen, Ultraschall, MRT/CT-Zentren usw. Gleichzeitig erschlossen sich die Veterinäre den Markt der Futtermittel und bieten in Vielzahl heute für jede Art der Erkrankung das passende Futter und Nahrungsergänzungsmittel an.

Solch Ausstattung und das zugehörige Personal müssen sich natürlich amortisieren und so stiegen und steigen parallel dazu die Gebührenordnungen der Tierärzte.
Ob immer gleich „das volle Programm“ zur Behandlung einer Erkrankung notwendig ist oder manchmal auch eine gründliche Untersuchung /Anamnese zu den auftretenden Symptomen bei einem Hund/einer Katze und eine medikamentöse Behandlung, gekoppelt mit entsprechenden Ratschlägen zur Ernährung und Bewegung, ausreichend wären …? Einen Gedanken möchte ich noch hinzufügen: Gehen Sie einmal mit Beschwerden z.B. im Bereich der Halswirbelsäule zum Arzt. Wie lange warten Sie auf einen Termin, wenn der Hausarzt Ihnen eine Überweisung zum MRT ausstellt? Oh – Sie haben Glück und es dauert nur ein paar Wochen?Beim Hund kein Problem … da wird das CT oder MRT meist am gleichen Tag realisiert.

Und so rauft sich manch Hundehalter die Haare, wenn er mit seinem Hund, der zum Beispiel seit Tagen hinkt und dem er gerne helfen möchte, 750,00 Euro später wieder aus der Praxis kommt, nachdem die gesamte Palette von Untersuchungsmöglichkeiten ausgeschöpft wurde und am Ende doch „nur“ ein Schmerzmittel und ein Entzündungshemmer verabreicht wurde?

Dabei ist „Paulchen“ schon 13 Jahre und dem natürlichen Verschleiß des Bewegungsapparates unterlegen. In einer weniger gut ausgestatteten Praxis, z.B. in mancher kleinen Praxis, gäbe es für eine Untersuchung, bei welcher ein Tierarzt möglicherweise gründlich untersucht und ein ausführliches Gespräch mit dem Halter zu den Symptomen geführt hätte, mit ziemlicher Sicherheit zu genau der gleichen Diagnose und Medikation – nur eben für eine bezahlbare Summe.

Mir stellen sich die Nackenhaare auf bei dem Gedanken daran, dass für knapp 3000,00 Euro einer Perserkatze ein Herzschrittmacher eingesetzt wird, die nach kurzer Zeit trotzdem in den Armen ihrer sie liebenden Menschen verstirbt. Es wird nichts ausgelassen: Chemotherapie für Hunde und Katzen, wobei sich die Lebenserwartung durch diese Therapie auch nicht sehr und vor allem für das Tier selbst meist nicht

qualitativ erhöht. So würde ich manchem Tierhalter raten: Nehmen Sie Ihren geliebten Hund, fahren Sie noch einmal mit ihm ans Meer oder dahin, wo Sie gemeinsam gerne waren und verbringen Sie eine schöne letzte gemeinsame Zeit für das gleiche Geld und verschaffen Sie ihm so einen würdigen Lebensabend und Ihnen wenigstens noch bleibende, schöne Erinnerungen.

Ich möchte die Veterinärmedizin nicht komplett schwarzmalen, sie ist ein wundervolles Werkzeug, um unseren Tieren Leid zu nehmen, Schmerzen zu lindern oder zu ersparen, Verletzungen, Infektionen zu heilen, organische Erkrankungen zu therapieren.
Doch wie überall ist oft das Wieviel an Diagnostik und Therapie das Maß aller Dinge und wo hört in manchen Fällen der Respekt vor der Würde des Hundes auf zu Gunsten der Wirtschaftlichkeit?
Bewegen wir uns hier nicht manchmal an der Grenze des moralisch Vertretbaren? Mir scheint, manchmal befindet sich so ein gestresster Tierarzt in einer solchen Tretmühle, dass er seine Methodik selbst nicht mehr hinterfragt und sein in so vielen Jahren harten Studiums erworbenes, grandioses Wissen einfach im Stress seines Alltags dem Geschäftsbetrieb unterordnet. Hinterfragen das manche Veterinäre noch bei der Wahl ihrer Mittel?

Und am Ende regelt ja wie überall der Verbraucher den Markt und solange der Kunde dem Irrglauben verfällt, dass ein Tierarzt nur so gut ist wie die Gerätschaften in seiner Praxis, werden Sie als Kunde am Ende die Rechnung für die oft völlig überzogenen Diagnostika zahlen. Vielleicht denken Sie einmal darüber nach …
Wie oft bauen Sie als Hundehalter ihr Vertrauen in eine Tierarztpraxis auf die Einrichtung selbst, sprich auf Gerätschaften wie Röntgen, Ultraschall – ach ja … und er hat gleich das Labor mit im Haus – auf? Das möchte alles refinanziert werden, lieber Hundehalter. Ob die Therapie nach der langwierigen Diagnostik eine andere oder bessere ist, als die des Tierarztes, der für seine Diagnose auf eine Anamnese über ein gründliches Gespräch mit Ihnen und einer ebenso gründlichen Untersuchung am Hund setzt, möchte ich für einen Großteil aller Fälle

bezweifeln. Wie ich oben schon beschrieben habe, ist die Therapie in Form von Tabletten oder Injektionen meist dieselbe.

Was – wenn man einmal genauer drüber nachdenkt – augenscheinlich ist: Seit Jahren rüsten Tierarztpraxen auf, schießen gut ausgestattete Tierkliniken aus dem Boden wie die Pilze und sind deshalb unsere Hunde gesünder geworden? Hat die ganze überdimensionale Gerätschaft zu einer Verminderung chronisch kranker Hunde und Katzen geführt? Nein – im Gegenteil: Die Anzahl der Hauterkrankungen hat in den letzten Jahren sprunghaft zugenommen, Allergien, Asthma bei Hund und Katze, Erkrankungen des Nervensystems, Epilepsie und so weiter. Wo liegt die Ursache neben Zucht, Umwelt, Ernährung, Haltung? Und werden diese durch maximal ausgestattete Praxen besser einer Heilung zugeführt, als wenn Sie Ihren Hund einem Tierarzt vorstellen, der keine Gerätschaften im Background hat und auf sein Wissen und seine Heilkunst bauen muss? In der Regel nicht. Denn massenhaft austherapierte Hunde kommen am Ende oft zu mir und erhoffen von mir dann ein Wundermittel, das es aber leider nicht gibt.

Mit mir wird's insofern kompliziert, als dass ich ganzheitlich arbeite und die Ursache finden möchte.

Sie haben schon gemerkt – dieses Büchlein schreibt eine Tierheilpraktikerin – und als solche möchte ich Ihnen zwei Fallbeispiele aus meiner Praxis erzählen:
Das erste Fallbeispiel wäre Maja – eine Samojeden-Hündin. Sie ist seit Längerem zur Stabilisierung ihres Immunsystems bei mir in Behandlung. Sie war seit Langem erfreulich stabil.
Nun war ich im Urlaub – also nicht erreichbar. Maja bekam Fieber und verweigerte die Futteraufnahme. Die behandelnde Tierärztin entnahm Blut und es stellte sich im Bereich der roten Blutkörperchen eine Abweichung heraus. Die TÄ hatte den Verdacht auf eine Gebärmutterentzündung und es erfolgte eine Ultraschall-Untersuchung, die nichts Krankhaftes ergab. Anschließend wurde die Lunge geröntgt – ebenfalls ohne Befund. Keine Auffälligkeiten. Also gab es ein Breitband-Anti-

biotikum und Infusionen. Leider änderte sich an Majas Befinden nichts zum Positiven und so schrieb mich die Tierhalterin an.
Ich hegte beim Lesen der E-Mail den Verdacht, dass Maja eventuell eine Infektion durch Zeckenbefall haben könnte und bat die Halterin, die Tierärztin daraufhin anzusprechen und eine serologische Untersuchung anzuregen. Diese ergab eine Anaplasmen-Infektion. Nun konnte Maja durch entsprechende tierärztliche Medikamente geholfen werden. Das ist erfreulich, denn Maja geht es besser. Und es hätte wesentlich schneller gehen können, wenn die Tierärztin auch einmal „um die Ecke gedacht hätte“ und nicht gleich den wesentlich teureren Weg sämtlicher apparatetechnischer Diagnostika gegangen wäre.

Fallbeispiel Nummer zwei wäre die kleine Sindy – eine Bologneserhündin.

Seit einiger Zeit – so schildert es die Hundehalterin – zuckt Sindy im Bereich des Kopfes-Nackens mehrfach am Tag. Frauchen sprach von epilepsieartigen Symptomen und war stark beunruhigt. Sindys Hundemama ist schon lange in meiner Patientenkartei, da ich auch den Rüden der Familie behandele. Nun sprach sie mich darauf an. Ich untersuchte Sindy und konnte lediglich eine Reaktion feststellen, wenn ich die Halswirbelsäule und den Nacken abtastete. Dies teilte ich Frauchen mit und erklärte ihr, dass Sie bitte auf folgendes achten sollte: Sindy ist ein kleiner Hund und jedes Treppensteigen, jeder Sprung auf die Couch oder das Überstrecken des Nackens beim Aufblicken stellt ein Risiko für Sindy dar, da offenbar die Halswirbelsäule instabil ist und Sindy diese dann mit den typischen Bewegungen wieder in die richtige Position bringen will, wenn diese das Gefühl von Ausgerenktsein erzeugt.
Also solle Frauchen bitte dafür sorgen, dass Sindy keine Treppen mehr steigt oder auf die Couch springt. Da ich dies als Heilpraktikerin ohne MRT oder sonstige Bildgebung herausgestellt hatte, war das Frauchen skeptisch und suchte einen Tierarzt auf.

Dieser wies ein MRT an und kam auf genau dieselbe Diagnose wie ich. Der Tierarzt erteilte Frauchen die gleichen Ratschläge. Der einzige

gravierende Unterschied war die Höhe der Rechnung, die Frauchen nun entrichten musste.
Als sie mir dies in meiner Sprechstunde erzählte, konnte ich ihr leider nur erwidern, dass – wie ich oben schon geschrieben habe – der Kunde den Markt regelt. Sie hat die allumfassend ausgestattete Praxis gewählt (in diesem Fall ohne Not! – denn Sindy ist kein Notfall) und hat nun die Chance, ihr eigenes Handeln einmal zu überdenken.

Teuer ist nicht immer besser oder richtiger. Auch im Bereich der Tiermedizin. Natürlich habe ich nichts dagegen, wenn ein Tierarzt meine Diagnose nachkontrolliert und evtl. meinen Behandlungsansatz ändert. Ich arbeite sogar sehr gerne mit Tierärzten zusammen. Aber viel hilft nicht immer viel. Ein altes Sprichwort.

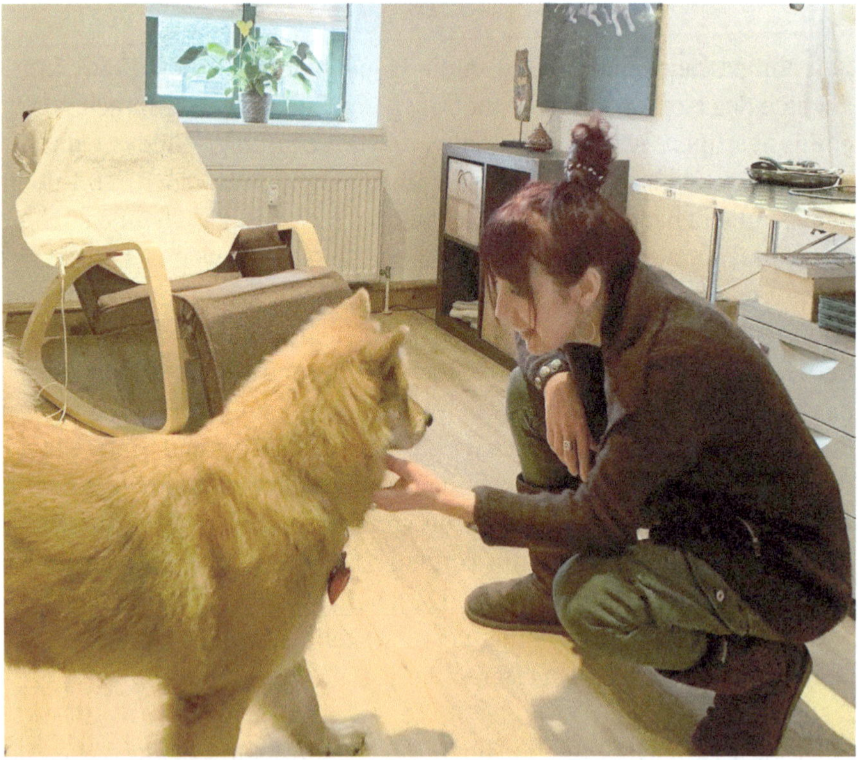

Eurasierhündin Jenny in meiner Sprechstunde

6. Fleisch – Die Ernährung unserer Hunde oder die Doppelmoral des Menschen

Biologisch artgerechtes Futter, genannt BARF, ist eine Methode zur Ernährung fleischfressender Haustiere, die primär für Haushunde entwickelt wurde. Die Entwickler von Barf orientierten sich dabei nach eigenen Angaben an den Fressgewohnheiten von Wildhunden, insbesondere Wölfen. Daher werden die Rationen aus frischem oder tiefgekühltem Fleisch, Innereien, Knochen und Fisch zusammengestellt.
Das Futter wird mit Obst und Gemüse ergänzt und roh verfüttert.
Bei Bedarf können Getreideprodukte und Futterzusätze zugegeben werden. Für eine bedarfsgerechte Zusammenstellung der Rationen sind Kenntnisse zu Futtermittelkunde und Tierernährung erforderlich. Barf ist nicht auf Hunde beschränkt, es werden auch Katzen und Frettchen nach dieser Methode gefüttert.

Selbst täglich durch meinen Beruf im Bereich Hund/Katze unterwegs, mache ich mir nach fast 20 Jahren Berufserfahrung so meine Gedanken. Natürlich kann ich die Sorge um das geliebte Fellchen verstehen und bin selbst sehr besorgt, wenn es einen meinem Vierbeiner nicht gut geht.

Was ich mich jedoch manchmal frage, ob und vor allem warum die Tierliebe wohl zur Nebensächlichkeit wird, wenn es um die Tiere geht, die wir unseren Hunden täglich als Futter vorsetzen. Woher kommt diese Doppelmoral, den eigenen Hund über fast alles zu lieben, ihm ein gutes Zuhause geben zu wollen, ihn im eigenen Bett schlafen zu lassen, mit ihm zu schmusen und dabei das Horrorleben, was die sogenannten Nutztiere erleiden müssen, vollumfänglich auszublenden?

Als ich noch in der Ausbildung war, durfte ich längere Zeit einer Landtierärztin assistieren. Diese Tierärztin nahm mich eines Tages zum

ersten Mal in eine sogenannte Großviehanlage mit, heißt, dort wurden ca. 2000 Rinder gehalten. Lebten dort kann ich nicht sagen, denn es herrschten an diesem Ort für mich sehr erschreckende Zustände.
Es stank abscheulich, nicht nach Stall, eher nach den Exkrementen, auf denen die Rinder stehen mussten. Durch die Anlage drang das Schreien der Kälber, die – kurz nach ihrer Geburt von ihrer Mama getrennt – natürlich nach ihr riefen. Die Kuhmütter waren sehr unruhig – ich brauche ihnen nicht zu erklären, warum.

Wie oft sehen wir im Netz Bilder von Hunde-Müttern mit ihrem Wurf. Ein niedliches Bild der Geborgenheit, der Liebe und des Urinstinktes der kleinen Welpen, sich noch blind immer im Kreis zu bewegen, um immer wieder an Mamas Zitzen zu gelangen. Die Hundewelpen erleben, vorausgesetzt, sie dürfen ein zuhause haben, Geborgenheit und eine friedliche Kinderstube. Sie haben das Glück, vom Menschen als Sozialpartner wahrgenommen zu werden, deshalb lässt man sie einige Wochen bei ihrer Mama, wo sie einige für ihr gesamtes Leben wichtige Phasen durchlaufen können.

Kommen wir zu den Kühen. Sie sind intelligente, sehr soziale Lebewesen mit hohen kognitiven Fähigkeiten. Wem das Wort fremd ist: Hierzu gehören Gedächtnis, Kommunikation, Vorstellen, Denken, Wahrnehmung, Lernen, Erinnern und vieles mehr.
Was also tun wir den kleinen Kälbchen und ihren Mutterkühen an? Sie werden in der sogenannten Nutztierhaltung sofort nach der Geburt von ihren Müttern getrennt.

Gestatten Sie mir einen spirituellen Ausrutscher: Ich wünschte, all jene, die Entscheidungsträger für diesen ethischen Wahnsinn sind, also um Grunde wir alle, weil die Toleranz und das Wissen um diese Vorgänge uns mit in die Verantwortlichkeit nimmt, sollten jede Nacht die Bilder sehen und einmal fühlen müssen, was diese klugen und sensiblen Tiere erleiden müssen! Was ist eigentlich los mit uns?
Weiter hinten war ein Gang. Durch diesen wurden die Kühe zu einer Melkanlage getrieben. Getrieben ist ein sehr nettes Wort für das, was

ich nicht geglaubt hätte, würden die Bilder nicht noch heute in meinen Augen brennen: Die sogenannten Tierpfleger waren ausgestattet mit kurzen Schlauchstücken, welche sie als Stock gebrauchten, um die Kühe ins Melkkarussell zu treiben, teilweise zu prügeln. Die meisten Milchkühe waren in einem erbärmlichen Zustand. Die Wirbelsäule trat massiv hervor, sie hatten dicke Beine voller Entzündungen, teilweise offene Stellen, welche nicht so aussahen, als würden sie medizinisch versorgt werden.

Vielleicht denken Sie an meine Worte, wenn zur nächsten Feierlichkeit ein Steak aus dem Discounter auf Ihrem Grill liegt.
Eine Kuh lag am Boden, schwer atmend, ignoriert und die traurigen Augen blickten ins Leere. Es war dunkel; obwohl es ein recht schöner Sommertag war, drang kein Tageslicht in die Anlage. Und überall Roste, durch die die Exkremente bestenfalls ablaufen sollten, was aber sehr ungenügend passierte.
Den Ablauf der Labmagen OP, zu der meine Tierärztin gerufen worden war, weil eine betreffende Kuh aufgegast war, möchte ich hier nicht näher schildern. Nur, dass zu diesem Zweck die Kuh arretiert wurde, indem ihr ein Ring durch die Nase geführt wurde und sie so zum Stillstehen gezwungen war auf einem Metallrost.
In meinem ganzen Leben werde ich dies nicht vergessen.
Und ich hoffe inständig, dass diese Praxis durch menschlichere Methoden seitens der verantwortlichen Tierpfleger ersetzt worden ist.
Schaut man im Netz nach, lässt dies hoffen. Natürlich wurde der Kuh geholfen, die Ärztin hat gute und saubere Arbeit geleistet, damit das Tier das überschüssige Gas los und damit seiner Verdauung wieder Herr wird, aber was für ein Leben hat dieses Tier dann weiterhin erwartet?
Die Euter vieler Milchkühe waren ein erbärmlicher Anblick geschwollener und entzündeter Drüsen, eine sogenannte Mastitis genannt, dass ich mir nicht vorstellen möchte, welche Schmerzen allein durch das Anlegen der Melkapparate entsteht. Wenn Ihre Hündin nach der Läufigkeit zur Scheinträchtigkeit neigen sollte und die Zitzen rot und entzündet sind, sehen Sie das Leid und gehen zu einem Therapeuten

oder Tierarzt, tragen Salben auf oder kühlen das schmerzhafte Gewebe. Sie empfinden Mitleid! In der Großviehanlage (schon das Wort spricht Bände) nahm niemand Notiz davon und so blieb diesen armen Geschöpfen nichts Anderes übrig, als ihre durch die angestaute Milch prallen Euter unter Schmerzen zu entleeren.

Wie kann man den Beruf eines Tierpflegers erlernen und so mit Tieren umgehen? Was sehen diese Menschen, wenn sie in den Spiegel schauen, nachdem sie ihren Arbeitstag beendet haben?
Kühe sind sehr sanfte, kluge und soziale Wesen. Sie sind, wenn man sie lässt, zärtlich und verspielt und kümmern sich liebevoll um ihren Nachwuchs. Mit welchem Recht nehmen wir Ihnen ein würdevolles Leben und lassen sie absichtlich und zum Zwecke unserer eigenen Bedürfnisse in solchen Anlagen vegetieren und krepieren?
Ich weiß, es gibt auch und in letzter Zeit vermehrt Ställe, die wesentlich besser ausgestattet sind und wo die Milchkühe nicht so ein unwürdiges und trauriges Dasein fristen müssen wie in der o.g. Anlage. Und das ist gut und richtig und sollte eigentlich keiner Diskussion bedürfen.

Welche Ethik, Moral und vor allem welche soziale Kompetenz zeichnet uns Menschen eigentlich aus, die wir immer meinen, über allem anderen Leben auf unserer Erde zu stehen? Warum ist so etwas in unserer heutigen Zeit möglich und wird stillschweigend geduldet?
Lassen wir mal die absolut mangelhafte Arbeit und ethische Einstellung unserer Politik außen vor. Der Konsum regelt den Markt und jeder von Ihnen, der Billigfleisch kauft und verzehrt, ist moralisch gesehen nicht besser als jene, die in den Ställen arbeiten. Geiz ist geil, oder? Und man kann sich beim Kauf von abgepacktem Billigfleisch vom Discounter ja immer mit Niedriglohn herausreden und seine moralische Mitverantwortung vergessen.
Zumal die Deklaration des Fleisches als „artgerecht“ gehalten ja vorgaukelt, nicht mitverantwortlich am millionenfachen Leid der Rinder zu sein. Sie machen es möglich, dass solche Großviehanlagen immer noch existent sind und verzehren Fleisch, das vom Leid zerfressen ist.

Guten Appetit!

Denken Sie bitte nicht, dieses Buch würde eine überzeugte Vegetarierin schreiben. Ich esse Fleisch – in ganz geringen Mengen. Und mir ist auch bewusst, dass der Mensch zur Gattung der Omnivoren gehört, was so viel wie Allesfresser heißt.

Aber ich habe absolut kein Verständnis für die Duldung des Tierleides in den Massentierhaltungen und wir alle sind dabei … Noch immer ist dies möglich. Ich sehe in dem Dorf, in welchem ich lebe, dass es auch anders geht. Hier gibt es einen Züchter von Galloway-Rindern, die im Sommer auf der großen Wiese hinter dem Freilauf unserer Huskys leben dürfen. Da stehen mehrere „Mamas" mit ihren Kälbern … sie spielen, sind übermütig, sie grasen, liegen in der Sonne und dösen beim Wiederkäuen …, die Kälber saugen an ihren Mamas und manchmal auch an fremden Mamas und es ist ein Bild des Lebens, der Würde und des Friedens.

Und wenn so ein Tier irgendwann als Steak auf dem Teller eines Menschen landet, dann ist dieses Steak von einem Tier, was ohne Schrecken und Viehtransport aus dem Leben gegangen ist und Ihrem Magen keine Stresshormone „vererbt". Natürlich kostet dies keinen Discounterpreis, aber diese Art des Fleischkonsums können Sie Ihrem Spiegelbild zumuten, oder? Das Thema ließe sich umfangreich weiter ausbreiten: Methan-Ausstoß, Übersäuerung der Äcker durch die übermäßige Ausbringung von Gülle. Moral und Ethik in der Schweine- und Hühnerhaltung. Können Sie noch schlafen, Herr Bundesminister für Landwirtschaft? Derzeit einer grünen Partei angehörig, Gesetzgeber, Konsument, MENSCH?

Die Wiese hinter unserem Hundefreilauf … in direkter Nachbarschaft zu unseren Huskys

… die interessiert, aber sehr entspannt ihre tierischen Nachbarn beim Grasen beobachten.

Und wenn Sie Fleisch für Ihre Hunde kaufen, denken Sie auch nicht an die Herkunft dessen und bereiten nach der hochwissenschaftlich ausgearbeiteten Barf-Liste das Menü Ihres geliebten Fellchens zu, natürlich mit allen noch dazugehörigen Supplementen. Er soll ja gesund ernährt werden. Mal an den Widerspruch gedacht?

Warum werden wir Verbraucher uns nicht einmal unserer Macht bewusst, wenn wir geschlossen dafür einstehen würden, dass unser eigenes Essen und das Futter unserer Hunde aus einer würdigen, gesunden und wirklich artgerechten Tierhaltung kommt? Hat das Rind nicht wenigstens das verdient? Niemand von uns hat eine Ausrede für unsere blinde kollektive Ignoranz. Nicht einmal der Konsument, der im sogenannten Bioladen kauft. Aus meiner Sicht toleriert auch dieser Konsument die vorherrschenden Zustände – er ist sich nur seiner eigenen Gesundheit mehr bewusst, denn Bio ist schick heutzutage. Das Wort Bio dürfte es in der Fleischindustrie und im Handel eigentlich insofern gar nicht geben, als dass es Allgemeingültigkeit besitzen sollte und nach anderen Standards gar nicht mehr produziert werden dürfte! Dies wäre einmal eine ethische Einstellung der Politik, der Produzenten und Konsumenten zum Thema Tierhaltung und Ernährung. Und ich möchte Sie aufrufen, endlich wach zu werden und das Elend unserer tierischen Mitbewohner zu beenden!

7. Styling – Hunde als Showobjekte

Wenn wir gerade darüber nachdenken, dass Hund wenigstens beim Gassigang gern Hund sein möchte – und dies auch verdient hat –, dann fallen mir neben dem oben geradeGeschriebenen so viele Bilder ein, wo Mensch schlicht gesagt ignorant gegenüber seinem Vierbeiner ist.

Hunde in Mäntelchen jeglicher Couleur … zum Beispiel. Der gemeine Haushund hat ein Fell und dieses Fell – wenn es gut gepflegt ist – stellt Kälteschutz und Hitzeschutz zugleich dar. Und solange das Thermometer nicht in Temperaturen abfällt, die von unserer europäischen Norm stark abweichen, reicht genau dieses Fell bei entsprechender Bewegung aus, um Kuno zu schützen. So hat es sich Mutter Natur ausgedacht. Natürlich konnte Mutter Natur nicht erahnen, dass Mensch sich nach Belieben Hunde modelliert und dass viele Vierbeiner kaum noch Reste der natürlichen Behaarung eines Caniden an sich tragen dürfen. Und sie wusste auch nicht, dass der größte Teil der Hunde in gut beheizten Wohnungen lebt, sodass das fast nackte Bäuchlein zum Beispiel einer französischen Bulldogge sich beim Gassigang im Herbst und Winter so stark verkühlen kann, dass eine Blasenentzündung logische Schlussfolgerung sein kann.

Also wälzen Mama und Papa das Internet nach geeigneten Hundemäntelchen, Pulloverchen und sogar Regenmäntelchen und sind verzückt und begeistert, was der sogenannte Fachhandel da alles hergibt. Und so wird Kuno designt: Halsband und Leine natürlich passend zur restlichen Bekleidung – muss ja alles ein „geschmackvolles“ Gesamtbild ergeben. Da kommt ein hübsches Sümmchen zusammen – aber alles für das Hundekind.

Interessehalber habe ich einmal beim Industrieverband für Heimtierbedarf e.V. nachgelesen; der Gesamtumsatz der deutschen Heimtierbranche liegt 2022 bei knapp 6,5 Milliarden Euro, wobei das Segment Bedarfsartikel sich auf 1,091 Milliarden Euro belief. Legen wir einmal diese Summe auf die 10,6 Millionen Hunde um, die 2022 in Deutschland lebten, kann man sich kaum vorstellen, was das für ein Riesenmarkt ist und wie sich die Industrie über die teilweise sinnlose Geschmacklosigkeit vieler Hunde- und Katzenhalter die Hände reibt.

Doch zurück zu Kunos Mäntelchen: Ich bin der Meinung – und ich glaube, ich würde Kuno aus der Seele sprechen – , er mag das Mäntelchen nicht. Ich weiß, Kuno ist kein Freund von Regenwetter.
Aber wenn Papa und Mama sich wirklich anstrengen und den Gassigang für ihn anregender gestalten würden, dann ließe er sich schon überreden, den heiligen Platz an der Heizung zu verlassen. Sicherlich ist er wie sie selbst kein großer Fan von Regenwetter, aber wie immer liegt es an der Motivation von ihnen, ob er den Gang nach draußen als spannend empfinden wird oder nicht.

Und in dieser Hinsicht habe ich schon so oft wahrnehmen müssen, dass Hund sich nicht so dreckig machen darf, dass er bitteschön nicht auf die nasse Wiese soll und um Gotteswillen nicht durch den Matsch – so eine Sauerei!! Und wenn Sie schon in den Wald gefahren sind und Kuno voller Vorfreude seine Nase in den Wind stellt ob der ganzen aufregenden Gerüche, die so ein Habitat für ihn zu bieten hat, ist es mehr als frustrierend für ihn, wenn er den „geordneten" Waldweg auf keinen Fall verlassen darf, weil er sich sonst auf dem Waldboden zu dreckig macht. Wenn Kuno sich diesbezüglich richtig auslassen könnte, also rennen, schnüffeln und, ja!, wälzen dürfte, dann käme sein hundliches Blut so in Hitze und freudige Wallung, dass er kein Mäntelchen bräuchte. Ja, wenn …

Die Realität und Ihr Zeitplan sieht natürlich oft anders aus – besonders bei vielen Stadthunden – und so trägt Kuno auf der Straße im Wohngebiet Jacke. Genauso traurig sieht es für die langfelligen kleinen Vierbeiner aus: von Yorki über Maltester bis zum Shih Tzu. Eigentlich ist Shih Tzuś Fell dicht, ziemlich lang mit entsprechender Unterwolle. Natürlich macht es Sinn, das Fell so eines kleinen Artgenossen so zu beschneiden, dass es wenigstens nicht auf dem Boden schleift. Wenn sich mir auch nicht erschließt, warum Mensch dies überhaupt dahin modelliert hat. Aber ich kann nicht nachvollziehen, dass Mensch sich einen Shih Tzu beim Züchter erwirbt und dann sein angezüchtetes Fell oft stark kürzen lässt. Ein Grund ist wohl, dass sich Frauchen dem durch Bewegung verfitztem Haarkleid nicht stellen will, denn Klein Winni beißt, wenn es beim Kämmen ziept. (Erziehung ist alles?)

Ist dann das Fell gekürzt und die Rechnung beim Hundefriseur bezahlt, werden Mäntelchen für jedes Wetter erworben, mit denen man die kleine Hundedame schmücken kann. Weil es ja so niedlich ist.
Genauso niedlich wie die kleinen Zöpfchen mit bunten Schleifchen auf dem Kopf und das Halsbändchen mit Strass-Steinchen vom Designer. Gestern – und ich wollte es eingangs nicht glauben – berichtete mir eine Kundin, dass es spezielle Nagellack-Sets für Hunde gibt. Mensch kennt keine Grenzen mehr – ich war wirklich entsetzt.

Finde den Fehler … oder den Widerspruch. In jedem Fall setzt bei Urvater Wolf wahrscheinlich das Fremdschämen für diese unrühmliche, den Stolz jedes Hundes brechende Verzierung ein. Traurig ist auch, dass sich der kleine Shih Tzu beim Gassigang im Wohngebiet, wo sich Papa oder Mama eher mit den Menschen befasst, die er oder sie trifft, als mit Klein Winni, doch bitteschön auf dem gepflasterten Fußweg bewegen möchte, denn Mutti schimpft, wenn Winni dreckig wieder hoch in die Wohnung kommt. O.K. – den kleinen Haufen darf sie auf den Rasen ablegen, aber dann huschhusch wieder auf den Weg. Und da sie auch niemand Spannenden getroffen haben, um Papa oder Mama zu unterhalten, fällt der Gassigang sehr kurz aus und Winni hat – außer dass sie alle entgegenkommenden Menschen angekläfft hat, weil sie sonst nix zu tun hat – nichts ausleben dürfen als die Leerung ihrer Blase und ihres Darms. Mir ist sogar – und da setzt bei mir das Fremdschämen für die Gattung Hundehalter ein – bekannt geworden, dass es eben solche gibt, die für den kleinen Vierbeiner ein Hundeklo in der Wohnung einrichten … Für kerngesunde, junge Hunde. Weil man sich damit mindestens den einen oder anderen Gang nach draußen erspart und man hat es eh nie wirklich geschafft, Klein Winni stubenrein zu bekommen.

Man hat wirklich alles versucht, aber sie pullert einfach weiter in die Wohnung. Mensch, schäme dich! Aber die einschlägigen TV-Sendungen gucken und in allen möglichen Netzwerken Halbwissen zum Besten geben! Dieses Verhalten ist an Faulheit nicht zu überbieten und ist ein Schlag ins Gesicht einer artgerechten Hundehaltung.

Oder: Wenn Sie sich einmal in Ihren kleinen Yorkshire Terrier einfühlen – so gar nicht königlich und von den ärmsten Schichten der damaligen Bevölkerung in Yorkshire gezüchtet wurde er einmal, um in seiner Heimat Ratten und Mäuse zu dezimieren. Er hatte also einen handfesten Job und seine Seele ist eigentlich nicht dafür gemacht, gewaschen, geföhnt und mit Schleifchen geschmückt in Handtaschen oder eigens beim Fachhandel erworbenen Designer-Hundetaschen weit über seinem eigentlichen Aktions- und Arbeitsbereich herumgetragen zu werden.

Dieser Mangel an artgerechter Beschäftigung – welche Frauchen oder Herrchen wenigstens mangels Mäusen und Ratten durch Auslastung in der Natur ersetzen sollte, lässt den Yorki heute vielmals zum kleinen Haustyrannen werden, was man ihm nicht einmal verübeln kann.

Er war nämlich der kleine Mann fürs „Grobe“ und sehr vielen Besitzern dieser durchaus sehr durchsetzungsfähigen Hunderasse ist dies leider nicht bewusst und viel wichtiger, dass die Farbe des Haargummis zum Glitzerhalsband passt und das restliche Equipment, wie Mäntelchen und Taschen, zum Transport des Kleinen dazu passen. Die Prominenz macht es ihnen ja vor: zum Beispiel Frau Paris Hilton mit ihren diversen Chihuahuas. Da kennt das Schmücken des Hundes keine ethische Grenze mehr und öffnet genau zu diesem Zwecke speziellen hochpreisigen Hunde-Design-Geschäften Tür und Tor zu massenhaftem Umsatz, denn das kleine Fellchen ist ein Statussymbol und muss als solches auch ausstaffiert werden.

Interessehalber habe ich eben einmal das Internet bemüht und bin ohne großes Suchen sogar in einem O-Normalverbraucher Versandhandel fündig geworden: Da finden Sie „im Angebot“ und gesenkt von 895,00

Euro auf 595,00 Euro einen Dsquared2 Parka für Hunde mit Kapuze und Tunnelzug … Ohne Worte! Was ist der Hund eigentlich für Menschen, die diese Produkte erwerben? Accessoire?

Ich glaube nicht, dass der Käufer solch eines Hundeparkas seinen aufgestylten Hund im Wald durchs Gebüsch hirschen lässt oder zulässt, dass sich Chiko auf einer Wiese wälzt oder durch den Matsch sprintet und seine Designer-Jacke verdreckt oder kaputt macht. Wozu auch?

Mensch besteht oft und in vieler Hinsicht darauf, dass seine Würde unantastbar sei – wie steht es denn bitte in dieser Hinsicht mit den oft bis zur Unkenntlichkeit durch Kleidung und Zubehör verschandelten und ihrer eigentlichen Bestimmung beraubten Würde der Hunde?

Wie dekadent entartet denn auch auf diesem Gebiet die Achtung vieler Menschen vor ihrem hundlichen sogenannten Freund? Was wollen sie sich oder dem Betrachter ihres Hundes eigentlich zeigen und beweisen? Egal, ob Mäntelchen vom Designerladen oder örtlichen Fachhandel erworben worden ist. Er bleibt eins: in den meisten Fällen unnötig und ich kenne aus meiner Praxis mehr als genug Hunde, die sich nicht erfreut über das Anziehen ihrer „Kleidung“ nach meiner Behandlung zeigen. Ich bitte Sie, lieber Hundefreund: Es spricht nichts gegen eine hübsche Leine, farblich passend zum Halsband oder Geschirr und auch nichts dagegen, wenn Sie diese nach Ihrem Geschmack der Fellfarbe Ihres Hundes anpassen. Und bei Minusgraden ist auch mancher Pinscher oder zum Beispiel ein Dackel mit seinem niedrigen „Radstand“ dankbar über ein wärmendes Fleece. Auch ein Body nach einer OP ist eine Bekleidung, welcher die OP-Naht vorm Belecken und Beknabbern schützt – meist in Kombination mit einer Halskrause.

Aber dies sind doch akzeptable vorübergehende Übel – alles andere ist eingeredete Notwendigkeit.
Bewegung erzeugt Wärme – physikalisches Gesetz –, also versuchen Sie es mit Chiko doch einmal so und er wird sich glücklicher zeigen, als in einen für Sie niedlichen und schicken Mantel gepresst.

7.1. Vom Waschen, Färben und Trocknen

Wer sich einen pelzigen Freund ins Haus holen möchte, sollte beachten, dass nicht nur die Fütterung und Zuwendung, sondern auch die Fellpflege für den Hund sehr wichtig ist. Hierbei geht es nicht nur um das gepflegte äußere Erscheinungsbild, sondern auch darum, dass die Haut belüftet werden muss, um ein gesundes Hautmilieu zu erhalten und dass ein gut durch gebürstetes Fell eine Kälte- als auch eine Hitzeschutzfunktion erfüllt.
Gleichwohl ist die tägliche Sichtung des Fells und der Haut wichtig, um eventuellen Ektoparasiten-Befall in Form von Zecken oder Flöhen zu bemerken und frühzeitig behandeln zu können. Auch Verletzungen werden so schneller ausgemacht und können versorgt werden. Hierbei macht es auch keinen Unterschied, ob sie einen lang- oder kurzfelligen Hund zu Hause haben.

Ich rate allen Hundehaltern, die in meine Praxis kommen, vom ersten Tag an mit der Fellpflege zu beginnen. Dies ist Grundlage für eine Gewöhnung des Hundes an den Akt des Durchkämmens und somit diesbezüglich an ein entspanntes Miteinander. Der angenehme Nebeneffekt: eine der vielen Maßnahmen zur Förderung der Bindung zwischen Halter und Hund.

Da bei vielen Rassen das Fell auch geschoren oder getrimmt werden muss, bietet sich der Weg zum Hundefriseur an. Jeder hat so seine Meinung zu rassespezifischen Frisuren – dies möchte ich an dieser Stelle auch nicht diskutieren. Ich persönlich finde zum Beispiel die Frisur eines Pudels höchst albern, aber es macht schon Sinn, einem kleinen Malteser oder Terrier die Augen frei zu schneiden, damit die Sicht nicht beeinträchtigt und das Auge nicht in Mitleidenschaft gezogen wird. In der Straße, in der ich praktiziere, arbeitet mit sehr ehrlicher und herzlicher Art eine Hundefriseurin. Ich bin der Ansicht, dass sie die Würde des Hundes in Sachen Frisur noch achtet und aus dem Vierbeiner keinen Hampelmann macht. Dafür hat sie meinen Respekt.

Aber es wäre zu schön, wenn nicht auch in diesem Bereich mancherorts die Würde des Hundes bekleckst würde. Ich schreibe bekleckst, weil ich feststellen muss, dass seit einiger Zeit neue Produkte namens „Permanente Haustierhaarfarbe“ den Markt erobern und angepriesen werden.
Sie können diese auf einschlägigen Plattformen in erdbeerrot, dahlienlila, blitzergelb, hawaiblau oder kellygrün erwerben und Hand an ihren Hund legen.
Die Farben sind „garantiert ungiftig“.
Auszug aus einer Gebrauchsanleitung: „Verwendung:

1. Öffnen und bereit zur Verwendung.
2. Shampoonieren und zuerst föhnen, wenn das Fell des Haustiers schmutzig und fettig ist, ohne Conditioner zu verwenden.
3. Tragen Sie die Hundehaarfarbe gleichmäßig auf die gewünschte Fellstelle auf und lassen Sie sie 20 Minuten einwirken.
4. Spülen Sie gründlich ab, bis das Wasser klar ist, und trocknen Sie anschließend.“ Zitat Ende.

Ich „empfehle“ ihnen, die zwanzig Minuten Einwirkzeit für eine Hundemaniküre zu verwenden, denn neuerdings gibt es ja auch Nagellack ups! Krallenlack für Hunde.

Ganz ehrlich lieber Leser?
Wenn es nach mir ginge – und sicher spreche ich da vielen Menschen aus dem Herzen – ich würde jedem Hundehalter, der mir so ein Tierchen vorstellt, oder den ich auf der Straße treffe, seinen Hund wegen Tierschutzrelevanz entziehen und das arme, verunstaltete Lebewesen einer Haltung zuführen, die es braucht und verdient.
Wenn ich auf YouTube Videos sehe, wie „Hundefriseur stylt kuriose Felllooks – genial, oder“ und sehe dort signalgrüne Bolonkas oder im Giraffenlook gefärbte Pudel – und der Mann bekommt auch noch massenhaft Zuspruch – dann muss doch der Verdacht aufkommen, dass es mit dem Geist und der Ethik der Applaudierenden nicht weit bestellt ist. Oder? Und der Repräsentant wird für sein fragwürdiges Selbstdarstellertum auch noch gefeiert. Dekadenz in der Reinform zu Lasten der Hunde.

ERNSTHAFT
?!

8. Warum überhaupt und welche Rasse?

Die Qual der Wahl ist eine alte Redewendung, die sich in diesem Kapitel in viele Richtungen anwenden lässt. Treffen Sie die Wahl, sich eine Qualzucht zuzulegen, dann haben Sie in vieler Hinsicht keine gute Wahl getroffen. Denn Sie unterstützen dann aus persönlicher Vorliebe für das Design einer Hunderasse die Zucht von Hunden, die auf Grund anatomischer Kriterien hausgemachte gesundheitliche Probleme haben. Wählen Sie einen Hund aus, der sehr sportlich ist und Sie sind eventuell eher der Spaziergänger, dann werden sich beide quälen: Der Hund wird nie ausgelastet sein und dadurch viele seelische Qualen erleiden (auch wenn Sie ihn lieben) und Sie werden auch kein wirklich glücklicher Hundehalter werden. Also wählen Sie klug: Wo leben Sie, wie leben Sie, sind Sie jung/älter, sportlich und naturverbunden oder eher der Couchtyp, der am Wochenende gerne mal ins Grüne fährt? Die Wahl wird Ihres und des Hundes Leben über viele Jahre bestimmen.

Machen wir uns einmal Gedanken darüber, nach welchen Kriterien sich der Mensch einen Hund aussucht:
Das Positive zuerst: Hundesport in allen Facetten ist „In“ und erfreulich ist dabei, dass sich hierbei nicht nur der Hund auslasten und bewegen kann; in vielen Fällen ist er ein Team mit seinem Menschen. Zum Beispiel beim Canicross. Dies kann man in entsprechenden Vereinen praktizieren. Ich möchte jedoch auch die respektablen Hundehalter dazu zählen, die regelmäßig mit ihrem Hund im Gelände joggen gehen. Natürlich kommt dies nur für gesunde bzw. fitte Menschen in Frage und man kann beobachten, dass diesen Mensch/Hund-Sport meist Leute ausüben, die einen Hund mit normalem Gangapparat bzw. normaler Anatomie gewählt haben.

Obidience: im Netz auch gern als die hohe Schule der Unterordnung bezeichnet. Positiv auch hier: Sehr oft führen dies Halter von Hunden mit anatomisch gesundem Gangapparat aus und es ist auch hier ein Teamsport.

Agility: eine Hundesportart zur körperlichen und geistigen Auslastung der Hunde – auch ein Mensch/Hund-Teamsport. Hier möchte ich anmerken, dass der Kaltstart und das folgende rasante Überwinden von Hindernissen viele Gefahren für die hundliche Gesundheit birgt, die der Halter aus meiner Sicht durch ein gutes Erwärmen des Hundes etwas minimieren kann. Obwohl auch hier postiv gilt: Der Hund wird bewegt und ausgelastet, doch ist die Verletzungsgefahr relativ hoch. Denn eigentlich ist ausdauerndes, relativ gleichmäßiges Traben für das Lauftier Hund immer noch die gesündeste Bewegung. Was jedoch nicht immer den Ehrgeiz seiner Halter stillen kann.

Prozentual gesehen betreiben die wenigsten Hundehalter eine Sportart mit ihrem Hund.

Viele belassen es beim sogenannten Gassigang. Wobei man sagen muss, dass es hier große Unterschiede gibt. Völlig in Ordnung ist der gemeinsame Gang mit dem Hund durch den Wald, über Felder oder den Park, Hundebegegnungen auf Hundespielwiesen – insofern sich eine Stadt dazu durchringen kann, eine solche Wiese bereitzustellen. Und man kann so viel in einen Spaziergang , in eine Wanderung einbauen: einfach mal toben mit dem Hund – Lebensfreude für beide …, Suchspiele, Frisbee … dem Einfallsreichtum sind da wenig Grenzen gesetzt und jede Fährte, die sie auslegen, wird Kunos Nase und Geist glücklich machen – es ist so leicht, glückliche Momente zu schaffen. Oder setzen Sie sich mit Ihrem Hund einfach einmal in eine Wiese, stecken Sie das Handy weg oder lassen Sie es am Besten gleich zu Hause, kuscheln Sie mit ihm und schauen Sie sich gemeinsam unsere wunderschöne Natur an. Lassen Sie ihn einfach schnüffeln, was der Waldboden hergibt an Gerüchen und Leben und beobachten Sie ihn – wie toll er ist und wie ausgezeichnet seine Sinne agieren, wenn sie dürfen. Geben Sie ihm einmal am Tag die Freiheit, Hund zu sein.

Mamid, Senta und Tala beim Spiel

Doch leider gibt es auch in diesem Punkt – also der Beschäftigung und der Auslastung unserer Haushunde – Abgründe an Respektlosigkeit gegenüber unseren Hunden zu beobachten.
Als ein Beispiel möchte ich das Los vieler Stadthunde nennen. Es häuft sich leider der Anblick von Hundehaltern, die wohl vergessen haben, dass der Gassigang DIE Zeit ist, wo der Hund nicht nur seine Notdurft verrichten soll, sondern auch den Bewegungsdrang, den er naturgemäß in sich trägt und die Energie, welche durch die Nahrungsaufnahme aufspeichert, abreagieren möchte und für seine psychische und physische Gesundheit auch abreagieren muss.
Diese Art Hundehalter hat die Hundeleine am Handgelenk hängen, die Augen jedoch auf dem Display seines Handys, auf dem er Facebook, Insta & Co. checkt.

Wirkt dann ein anderer Reiz auf den Hund als zum Beispiel der Geruch des Fußweges – es kommt zum Beispiel ein anderer Hund entgegen und der Hund zieht an der Leine –, dann erfolgt ein genervter Leinenruck und Pfiffi wird lautstark gemaßregelt, weil der nervige Hund gerade den Informationsfluss aus den sozialen Netzwerken unterbrochen hat.

Welchen Hund Sie sich auch immer aussuchen, denken Sie bitte daran: Ihm ist völlig egal, wie sich der Hundesport nennt, den Sie betreiben möchten. Für den Hund ist im Grunde nur eins wichtig:
Bewegungsdrang „abarbeiten“, mit Ihnen aktiv Zeit zu verbringen und anschließend happy in seinem Hundebett zu dösen.
Und wenn Sie nicht so der Vereinstyp sind, ist das kein Makel. Zwingen Sie sich selbst nicht etwas auf, was Sie am Ende nicht durchhalten, denn die Palette, wie Sie selbst Ihren Hund wirklich auslasten können, ist sehr bunt und geht vom Dogscooter über das Fahrrad, das Spiel mit Frisbee und Ball, die Suchspiele, die Sie der Hundenase anbieten können und so weiter.

Aber bitte:
Haben Sie soviel Respekt und Liebe vor/zu Ihrem Hund, dass er sich ausreichend bewegen kann. Und beziehen Sie diese Gedanken bitte in die Wahl der Hunderasse ein.

8.1. Rotti, Amstaff & Co.

Hunderassen werden nicht selten gewählt nach Optik, wobei ich auch hier betonen möchte, dass man wirklich nicht alle potentiellen Hunde-Käufer über einen Kamm scheren kann.

Ich habe in meiner langjährigen Praxis auch schon viele Menschen beraten dürfen und – gemessen an dem Alter der Menschen, der Lebensphase, in der sie sich befinden, ob sie auf dem Land oder in der Stadt wohnen, welche Ansprüche sie an den Hund haben und welche hundlichen Ansprüche sie selbst erfüllen können – sehr oft haben wir gemeinsam eine gute Wahl getroffen und ich habe zu späteren Hausbesuchen einen glücklichen Hund und manchmal noch glücklichere Hundehalter erleben dürfen.

Doch auch an dieser Stelle ist bei vielen Leuten die menschliche Selbstüberschätzung riesengroß. Ein Beispiel bilden die vielen „harten“ Jungs und Mädels, bei denen es „Rotti“, Amstaff sein soll – man muss ja Eindruck schinden. Wie bekannt, benötigen diese Hunde eine konsequente und souveräne Führung, unter der diese Hunde einen sehr gutmütigen Charakter als Familienhund leben können. Nur dass einige dieser Halter nicht begreifen, was souverän ist (wenn ich sie die Hunde anschreien und sinnlos rumkommandieren höre und sehe); und konsequent leben einige Halter nur ihre Unfähigkeit, ihren Hund zu verstehen.

Zum Glück erlebe ich auch Menschen, die sich einen Staff o.ä. zulegen, die sämtlichen Vorurteilen, welche sich ja nie ganz ohne Grund bilden, die Stirn bieten und dem Hund eine gute Sozialisierung auf Artgenossen, Menschen und die Umwelt angedeihen lassen. Dann erlebe ich Staff´s, die sehr ausgeglichen, verspielt und verträglich sind. Die auch den neuen Reizen, die sich zum Beispiel durch eine Behandlung in meiner Praxis ergeben, ruhig und aufmerksam gegenüberstehen.

Das sind meistens „Modelle“, deren Besitzer relativ sportlich sind und mit „Zeus“ joggen gehen, ihn am Fahrrad mitnehmen. Auch Distanztraining ist eine sehr gut auslastende Trainingsmöglichkeit für den Staffordshire & Co.

Rottweiler wurden ursprünglich mit der Aufgabe versehen, Herden zusammenzutreiben und den Hof zu beschützen. Und noch heute gehört er in sensible und souveräne Hände, die ihm eine Aufgabe geben. Dann ist der von seinem Körperbau sehr eindrucksvolle Hund gegenüber seinen Menschen ein sehr freundlicher und auch kinderfreundlicher Geselle. Nur leider überschätzen sich auch hier einige Menschen. Und wenn Rotti merkt, wie unsicher und inkonsequent „Mutti“ oder „Vati“ sind, dann nimmt er das Zepter in die Pfote.
Viele Rottweiler landen nach einem längeren Leidensweg im Tierheim. Erst vor Kurzem habe ich einen solchen Strategen kennenlernen dürfen. Odin lebte in einer Familie mit mehreren kleinen Kindern und

einer alleinstehenden Frau. Sicherlich hat sich diese Frau bei der Anschaffung eines solchen Hundes selbst überschätzt und auch nicht bedacht, was sie sich für ein Kaliber ins Haus holt. (Dies scheint eine ansteckende „Krankheit“ unter uns Menschen zu sein.)

Odin ist ein sehr unsicherer Hund und kam mit der Reizüberflutung durch mehrere lärmende, sich naturgemäß lautstark durch die Wohnung jagende Kinder, die nicht selten auch Odin gegenüber übergriffig wurden, nicht zurecht. Es ist ein Wunder, dass nichts Schlimmeres passiert ist.

Irgendwann erkannte auch jene Frau, dass sie sich wohl stark übernommen hat und suchte ein neues Zuhause für Odin. So bekam ich die Information darüber und mir kam eine Kundin in den Sinn, die sich absolut selbstlos alten, aggressiven oder sonstig verhaltensauffälligen Hunden aus dem Tierheim annimmt und deren eigener Hund vor kurzem leider verstorben war. Weil ich Claudia in Sachen Hund hundertprozentig vertraue, bat ich sie, Odin zu sich zu nehmen – quasi als seine letzte Chance, so traurig das auch klingen mag.

Nach reiflicher Überlegung nahm sich C. dieses Hundes an und holte ihn zu sich nach Hause. Odin erlebt jetzt Konsequenz, eine liebe – jedoch straffe Hand, hat einen Menschen, an dem er sich klar orientieren kann, einen Hundekumpel, mit dem er von Anfang an kein Problem hatte, und eine Katze, deren „Privilegien“ er zwar nicht immer toll findet, aber respektiert.

Zu den ersten Besuchen quasi zu viert in meiner Praxis erlebte ich noch einen zutiefst verunsicherten Kameraden, der einfach Verständnisprobleme hat, weil er nie gelernt hat zu kommunizieren. Mittlerweile wird er wesentlich ruhiger und hat die Chance, doch noch ein artgerechtes und schönes Leben zu erhalten.

Auf dem Bild sieht man Odin mit seinem Kumpel Regy, ein kleiner Pinscher, den Claudia ebenfalls aufgenommen hat, weil die Vorbesit-

zerin mit ihm nicht klarkam. Sie war der irrigen Vorstellung unterlaufen, dass man einen kleinen Hund nicht so viel bewegen muss und dass die Erziehung eines Pinschers so nebenher erledigt wird und ein Selbstläufer ist.
Irrtum zu Lasten des Hundes, der zum Glück jetzt in fähigen Händen ist. Danke, liebe Claudia, im Namen aller Hunde, die bei dir ein Zuhause gefunden haben.

Nicht jeder Rottweiler kann Rettungs- oder Diensthund werden. Und auch Agility ist für diese „schwere“ Rasse nicht unbedingt eine gute Wahl. Was er jedoch unbedingt in die Hitliste seiner bevorzugten Tätigkeiten schreiben würde, wären zum Beispiel neben regelmäßig ausreichender Bewegung, Nasenarbeit wie zum Beispiel Fährtensuche (kann man gut in den Waldspaziergang einbauen), ZOS – Zielobjektsuche oder einfach auch einmal das Mitlaufen am Fahrrad. Auch das macht diesem starken und arbeitswilligem Hund Freude.

Odin und Regy

Was möchte ich Ihnen mit dieser kurzen Geschichte ans Herz legen? Denken Sie bitte eher zwei mal nach, bevor Sie sich einen Hund anschaffen. Erkundigen Sie sich über die Geschichte der gewählten Rasse, über deren Bedürfnisse und kalkulieren Sie ein, wie viel Zeit und wie viel Aktivität Sie ihm bieten können. Denken Sie darüber nach, dass auch der Hund krank werden kann und dann neben dem Alltäglichen auch noch die Tierarztkosten auf Sie zukommen.

Denn Ihre eventuelle Fehlplanung führt zum sog. Wanderpokal, dessen Leben eine einzige Tragödie werden kann, wenn er nicht schlussendlich Glück hat, doch noch in kompetente Hände zu kommen.

8.2. Phänomen Kindchenschema

Phänomen „Kindchenschema" – ach, ist der niedlich. Über die Anatomie möchte ich hier nicht weiter schreiben, da alles, was Sie an ihm wahrnehmen, selbstredend ist:
Glubschaugen, manchmal leider bis zur Unkenntlichkeit zurückgezüchtete Nasen auf dem breiten Fang: der Mops. Der Kaiserhund aus China … ein Luxusobjekt. Auf seinem Weg in die Neuzeit musste der freundliche kleine Mann nie irgendwelche anderen Aufgaben erfüllen, als zu gefallen und zu begleiten. Ob man ihn da nicht total unterschätzt und er nicht auch gerne einfach Hund sein wöllte, hat ihn wohl niemand gefragt. Und so geraten diese Hunde so oft in Hände, die ihn ein Leben lang nicht auslasten und ihn statt dessen in schicke Mäntelchen pressen und sehr oft tragen, weil die kleinen Beinchen nicht so schnell sind wie „Mama".

Bei nicht fachgerechter Erziehung macht der Mops dem Namen Kaiserhund alle Ehre. Dann erleben Sie einen alles verbellenden, seinen Menschen geschickt dominierenden Hausgenossen. Da Frauchen ihn bei den meisten Hundebegegnungen vorsorglich auf den Arm nimmt (denn der Kleine hat schon mehrmals schlechte Erfahrungen gemacht …), lässt sein Sozialverhalten in diesem Fall natürlich zu wünschen übrig. Wie soll er denn auch lernen, wenn er nicht die nötige Erziehung erhalten hat und zudem noch jedem Sozialkontakt mit Artgenossen entzogen wird?

Sollten Sie zu den gerade beschriebenen Hundehaltern gehören, dann gehen Sie doch bitte einmal in sich und fragen Sie sich, ob der kleine Kaiser nicht auch gerne mal mit Artgenossen jagen und spielen möchte, ob es ihm schaden würde, wenn er sich einmal im Matsch wälzt und dann „duftend", ausgelastet und zufrieden schnarchend einschlafen könnte? Haben Sie so einen Mops? Dann freue ich mich für diesen und für Ihr gutes Verständnis zu Ihrem Fellchen.
Denn der Mops ist eigentlich sehr bewegungsfreudig und Sie können gern und viel mit ihm spazieren gehen. Dabei können Sie Suchspiele einfügen und vielleicht auch mal eine Mahlzeit im Garten verteilen und „Emma" suchen lassen. Dies macht besonders auch dann Sinn, wenn es draußen sehr warm ist und die kleine verzüchtete Nase Atemprobleme verursacht. Und unterschätzen Sie Emma nicht – auch sie läuft sehr gerne und ausgedehnt und kann Sie auf Waldwanderungen begleiten, wenn Sie ihre Kondition regelmäßig schulen.

Die kleine „Mascha" zur Allergie-Behandlung in meiner Praxis.

Ein ähnlich unglückliches Schicksal erleiden oft die Französischen Bulldoggen, einst „nur“ Bulldogge, als Bullenbeißer und Hetzhund gezüchtet und später auch als Rattenfänger eingesetzt. Danach kreuzte man Mops und Terrier ein und erhielt die Französische Bulldogge. Sieht man in der einschlägigen Literatur nach, kann man erfahren, dass er vor ca. 150 Jahren in den Arbeitervierteln von Paris herausgezüchtet wurde.

Viele Käufer dieses Hundes scheinen sich nicht im Klaren darüber zu sein, dass dieser – eigentlich freundliche und verspielte Hund – Auslastung und Konsequenz benötigt … Für viele ist er Modehund und Accessoire für ihr menschliches Gesamt-Outfit. Es reicht einem French Bully nicht, zum „Pullern und Kackern“ vors Haus zu gehen, wobei Frauchen schnell dabei ihr Handy checken kann. Er ist zwar sehr anpassungsfähig, aber auch dieses hundliche Geschöpf möchte Hund sein dürfen. Sicher braucht er keine stundenlangen Spaziergänge, aber raus will er schon und er hat auch nichts dagegen, mit Artgenossen zu toben und zu spielen. Das macht er genauso gerne, wie mit Papa auf dem Sofa zu chillen. Außerdem liebt er Suchspiele jeglicher Art.

Was mir zunehmend auffällt, ist die steigende Krankheitsanfälligkeit dieser Rasse. Ich erlebe immer mehr Anrufe in meiner Praxis, in denen mir von Allergien, Unverträglichkeiten, Schilddrüsenerkrankungen, Erkrankungen des Bewegungsapparates berichtet wird.

Erlauben Sie mir den Gedanken, dass die Gesundheit vieler Moderassen auf Grund von stetig steigender Züchtung – vielleicht auch Überzüchtung – immer mehr zu wünschen übrig lässt. Schauen wir in die Stammbäume vieler Züchter ein und derselben Rasse, kann man feststellen, dass sich irgendwo in diesem Stammbaum immer mehr gemeinsame Vorfahren befinden. Ja, wo soll denn auch das neue „Genmaterial“ noch her kommen?

8.3. Der Englisch Bulldog

Der Englisch Bulldog ist auch nicht selten als Objekt eines bestimmten Prestiges unterwegs. Obwohl auch er ein freundliches Wesen hat, drückt sein Äußeres für Unkundige oft etwas Anderes aus. Einstmals zum Hüten und Treiben von Rinderherden gezüchtet (Bullenbeißer), später auf den britischen Inseln zu Tierkämpfen eingesetzt, wurde er nach dem Verbot dieser arbeitslos und begann seinen Weg als Begleithund.

Auch diese Geschöpfe menschlicher Zucht sind eher zu bedauern.
Die Verengung der Naseneingänge erschwert die Atmung, die Folge sind neben anderem Sauerstoffmangel und Verlust der Kondition, Unterdruck im Brustkorb, Probleme in Speiseröhre und Magen. Für den Menschen macht sich dies in vermehrtem Erbrechen des Hundes bemerkbar.
Die Schultern müssen einen zu schweren Kopf tragen und so bekommen viele Exemplare Probleme mit HWS, Schulter, Ellenbogen.
Viel zu viel Haut im Gesicht macht Falten, die zu Entzündungen, sogenannten Faltenpyodermien, neigen. Die Liste von durch die abartige Verzüchtung entstehenden Erkrankungen ließe sich fortführen, wer Interesse hat: Das Internet ist voll davon!

Erfreulich ist, dass in Großbritannien und Wales unter alten Maßstäben nicht mehr vermehrt werden soll und dort Veränderungen im Tierschutzgesetz vorgenommen werden sollen, um die Qualzuchtmerkmale zu verbieten. So weist die Old English Bulldogge nicht mehr im alten Außmaß die benannten Qualzuchtmerkmale auf, obwohl auch hier meines Erachtens im Sinne eines gesunden Hundelebens noch einige Verbesserungen möglich wären. In Deutschland ist die derzeitige Rechtsprechung leider von Bundesland zu Bundesland verschieden.

Durch meine Arbeit habe ich eine Züchterin kennengelernt, die sehr verantwortungs- und liebevoll züchtet. Sehr auf die Gesundheit und ein gesundes Wesen dieser sehr freundlich-sturen Hunderasse bedacht.

Am Beispiel der English Bulldogg sieht man, wie einige Hunde auf Grund von zweifelhaftem Schönheitsideal so verunstaltet wurden, dass es ein Trauerspiel ist, sich daran zu erinnern, dass er ein Lauftier ist. Am Ende werden so viele Hunde zum Wanderpokal von Familie zu Familie, zum Tierschutz und von da aus wieder vermittelt und finden am Ende nie ein Zuhause, in welchem sie entsprechend ihren Neigungen ein glückliches Hundeleben verbringen können.

Lebt ein Old English Bulldog bei Ihnen und Sie möchten ein ausgefülltes Miteinander, dann möchte er gerne und bei entsprechenden Temperaturen auch ausgedehnt mit Ihnen spazieren gehen – am liebsten in der Natur – und auch er spielt gern, zum Beispiel Tauziehen und diverse Spiele mit einem sog. Knotenseil. So ist es auch für Sie ganz einfach möglich, Ihren Bulli zu beschäftigen. Zu Hause kaut er – wie jeder Hund – gern auf Spielzeug herum, oder chillt mit Ihnen zusammen.

Franky zur Behandlung in meiner Praxis

8.4. Der Deutsche Schäferhund

Der Deutsche Schäferhund wurde, wie es sein Name schon verrät, zum Hüten von Schafen gezüchtet. Er war jedoch kein reiner Hüte- und Treibhund, er verrichtete auch Wachhund-Aufgaben. Was Mensch sich dabei gedacht hat, ihm die Kruppe so runterzu(ver)züchten, dass mancher Hund neben den gesundheitlichen Problemen, die mit dieser abfallenden Anatomie einhergehen, kaum noch zum richtigen Laufen in der Lage ist, erschließt sich mir bis heute nicht. In einem Buch zur Hundeerziehung war zu lesen, dass die Absenkung der Kruppe dem schnelleren Antritt diente. Wie bitte? Um dieses Ziel zu erreichen, „darf man" quasi einen Hund verstümmeln? Dann gab es noch einen anderen Hinweis zur Begründung dieser Machenschaft:
Es galt als Schönheitsideal – allein diese Aussage macht unserer Spezies Mensch wieder alle Ehre.

Wer bitte findet eine Qualzucht schön? Was ist, mit Hüft- und sonstigen Erkrankungen des Bewegungsapparates einherzugehen – bitte schön?

So wurden einige Hunde auf Grund von zweifelhaftem Schönheitsideal so verunstaltet, dass es ein Trauerspiel ist, sich daran zu erinnern, dass er ein Lauftier ist. Und der Schäferhund ist im Grunde eine sehr bewegungsfreudige, aktive Rasse …

Und wenn er fachgerecht und konsequent erzogen ist, hat man in ihm einen sehr lernwilligen, treuen und sozialen hundlichen Partner.

Außerdem kennen viele Menschen „Rex" im Dienst als Polizei- oder Rettungshund aus dem Fernsehen oder dem „wahren Leben". Und so kam auch er schon oft als Modehund zu Menschen mit wenig oder gar keiner Hundeerfahrung, was weder dem Menschen noch dem Hund dienlich ist.
Denn ohne Frage kann man Rex den anspruchsvolleren Rassen zuordnen. Man liebt ihn oder man fürchtet ihn gemeinhin und bei mangeln-

der Erziehung sieht man hier auch für beide Seiten einem Leidensweg entgegen, der oft in Trennung endet. Am Ende werden so viele Hunde zum Wanderpokal von Familie zu Familie, zum Tierschutz und von da aus wieder vermittelt und finden am Ende nie ein Zuhause, in welchem sie entsprechend ihren Neigungen ein glückliches Hundeleben verbringen können.

Ich mag ihn und sein Frauchen sehr und weiß, dass Neo bei seinen Menschen ein liebevolles und fachkundiges Zuhause hat. Wenn Sie Rex also lieben und eine erfüllte Mensch/Hund-Partnerschaft mit ihm leben wollen, dann lasten Sie ihn bitte aus. Er muss nicht unbedingt im Hundesportverein arbeiten. Rex ist sehr gerne mit Ihnen unterwegs und möchte dies unbedingt mehrmals am Tag haben. Auch hier kann man gut kleine Fährtenarbeiten einbauen, spielen und raufen, Artgenossen treffen, mit denen der gut sozialisierte Schäfi gerne spielt; sie können auch neben Ihrem Fahrrad laufen oder eben im Wald „Zeitung lesen lassen“, was seine Nase gut auslastet. Denn das ist eine so wertvolle „Arbeit“ und Auslastung für alle Hunde. Genauso liebt Schäfi, wie ich eingangs schon einmal beschrieben habe, das endlose Spiel mit Wurfobjekten, wie Frisbee, Ball etc., wie zum Beispiel Futterdummys.

Mein Freund Neo zur Behandlung in meiner Praxis. Er leidet an einer chronischen Entzündung des Enddarms.

9. Die Hybridhunde

Da uns Menschen wohl die vorhandenen Hunderassen nicht ausreichen und eventuell auch aus dem Ruf der Überzüchtung natürlich Kapital schlagen wollen – werden wir erfinderisch und „bauen“ mal etwas ganz neues.

Während der gemeine Mischlingshund eine willkürliche Verpaarung zweier oder mehrerer unterschiedlicher Rassen ist, stellt die geplante Verpaarung ein neues Geschäftsmodell dar. Der so entstandene Designerhund soll von beiden sich paarenden Rassen die aus unserer Sicht besten Charaktereigenschaften in sich tragen.

Sicherlich hat man von Anbeginn der Hundezucht an verschiedene Rassen verpaart, um eine neue Rasse zu schaffen. Zum Beispiel ist der Irish Red Setter eine von der FCI anerkannte Hunderasse, welche im 19. Jahrhundert aus dem kontinentalen Spaniel, dem English Setter und dem Pointer verpaart und gezüchtet worden ist. Der Golden Retriever wiederum verdankt seine Fellfarbe der Einkreuzung des Irish Setters. Was auffällt, ist, dass die Rassenbezeichnungen wenigstens einen Sinn ergaben. So bedeutet der Name Golden Retriever z.B. goldener Apportierhund, was ja auch seiner Bestimmung gerecht wird. Jeder Goldi-Halter weiß, wie gerne sein Liebling stöbert und apportiert und dies zu Lande und im Wasser.

Der Labradoodle ist beispeilsweise die Verpaarung zwischen Labrador und Grußpudel …

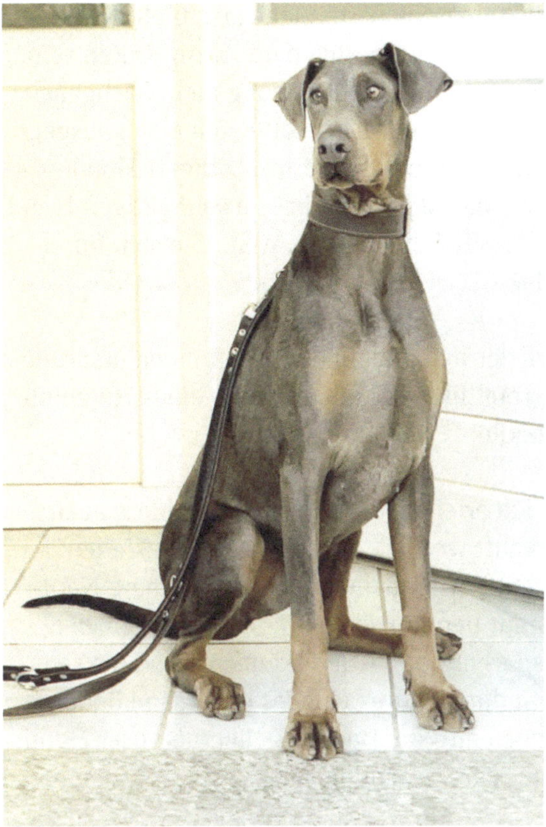

Dobermann-Rüde Becks vor meiner Praxis

Eine weitere Namensgebung ist die Benennung nach dem Züchter, siehe Herr Dobermann, welcher auch verschiedene Rassen kreuzte und damit eine neue Arbeits- und Wachhunderasse erschuf.

Und man kann, wenn man interessehalber Rasseportraits verschiedener Hunderassen wälzt, sehr oft einen Sinn hinter der Namensgebung erkenen. Wie sich ein Hund fühlen würde, wenn er der neudeutschen Sprache mächtig wäre und Schnoodle, Cockapoo oder Puggle heißt, Westipoo, Ausiedoodle oder Doxiepoo genannt wird, kann man nur erahnen. Ich fürchte, er würde gerne seinen sogenannten Züchter fragen, ob ihm bei der Namensgebung der Geschmack völlig abhanden gekommen ist.

Auf eines dieser Exemplare möchte ich näher eingehen: den Ausiedoodle. Gezüchtet aus Australien Sheperd und Pudel. Der Pudel ist vom Ursprung her Jagdhund. Dass er jemals als Hütehund gedient haben soll, ist nicht bewiesen. Heute spricht man davon, dass er ein besonders intelligenter Familienhund ist. Der Australian Shepherd gehört zur Gattung der Hüte- und Treibhunde, speziell für die Hütearbeit gezüchtet.

Wenn ein Liebhaber der Australien Sheperds sich entschließt, sich einen solchen Hund anzuschaffen, sollte er sich darüber im Klaren sein, dass, wenn sein Hütehund schon seiner Bestimmung nicht nachgehen kann, er Ausie wenigstens sportlich auslasten sollte, um einen ausgeglichenen Freund auf vier Pfoten zu haben. Der Einsatz dieser Hunde zur Fährtenarbeit und im Rettungsdienst kommt diesem sehr aktiven Hund ebenfalls entgegen. Genau das Gleiche trifft zu, wenn Sie sich für einen Ausiedoodle entscheiden.

Nun kommt der Mensch wieder ins Spiel und verpaart einen ursprünglichen Jagdhund mit hoher Intelligenz mit dem Wesen eines Hütehundes und nennt dies Ausiedoodle.

Durch meine Arbeit durfte ich erleben, dass solche Exemplare auch durchaus an Menschen verkauft werden, die sich dieser speziellen Rasseeigenschaften eher nicht bewusst sind und deren primäre Kaufentscheidung wohl eher darauf beruhte, etwas Besonderes zu haben – wobei wir das Thema Statussymbol wiedererkennen – und die sich auch nicht auf die Wesensmerkmale ihres Hundes einlassen können. Mir wurde ein – so bezeichneten es die Besitzer – übernervöser Hund vorgestellt, der Probleme mit der Verdauung habe.

Da ich auf die Befindlichkeiten mancher Tierhalter eher wenig Rücksicht nehme, wenn es um das Recht der Hunde auf artgerechtes Leben geht, versuchte ich den beiden Leuten klarzumachen, was hier verpaart wurde und welche Ansprüche der Hund hat.

Dass ihr Hund absolut unterfordert ist, wenn er täglich zwei Spaziergänge macht, dass sie sich bitte einmal Fachliteratur über Hütehunde zulegen sollen. Ich verwies zum Beispiel auf die Möglichkeit, den Hund mit Treibball geistig und körperlich auszulasten, da dies dem Element beider verpaarter Rassen entspricht. Und ich stellte klar, dass die nervöse Verdauung – von seiner allergischen Veranlagung einmal abgesehen – eine Folge von innerer Zerrissenheit, Langeweile und Unterforderung ist.

Der eine der beiden Tierhalter, von Anfang an skeptisch mir gegenüber, weil er wohl Bewunderung anstatt der Wahrheit und den Spiegel, den ich ihm vorgehalten habe, erwartet hat, hörte mir kaum zu. Erstens hatte er die ganze Zeit zu tun, seinen völlig gestressten Hund noch mehr zu stressen, indem er ihn pausenlos reglementierte und Kommandos gab, die dieser sowieso nicht ausführte und zweitens wusste er sowieso alles und er barfte (Heiligenschein!!!). So nahm der zweite Hundehalter den 20 kg Hund auf den Schoß und erwartete wohl, dass Fellchen sich beruhigt. Dieser Wunsch war vergebens – genauso wie meine Mühe, im Sinne des Hundes seine Halter aufzuklären.

In mir regte sich sehr viel Mitleid mit dem Hund. Denn ich wusste, egal wie sehr ich versuchte, seine beiden Menschen auf die Seite ihres Hundes zu ziehen, ihnen zu verdeutlichen, wie viel Potential in ihrem Hund steckt und dass sie ihn nur seine Bestimmung leben lassen sollen und dann – ja dann sehr stolz darauf sein könnten, was für einen tollen Vierbeiner sie haben –, dass sie die Wahrheit nicht hören wollten, denn diese ist anstrengend. Und es tut mir für genau diesen Ausiedoodle so leid, dass die beiden Herren auf ihrem Egotrip sich nicht auf meine Ratschläge einlassen konnten, sondern beratungsresistent diesen Trip auf Kosten der geistigen und körperlichen Gesundheit ihres Hundes weiterleben.

10. Auslandshunde

Ein paar Gedanken möchte ich den Hunden aus dem Ausland widmen. Der positive Aspekt ist an dieser Stelle natürlich die aufopfernde Arbeit der vielen Menschen vor Ort, die versuchen, Hunde aus dem Shelter zu retten und zu vermitteln. Diese Menschen verdienen hohen Respekt und Anerkennung für die meist ehrenamtliche Tätigkeit. Nicht selten würden die sogenannten Straßenhunde ansonsten der Tötung zugeführt.

Wobei man auch hier sagen muss, dass es nicht zwangsläufig jedem Streuner zum Beispiel in Griechenland oder Rumänien schlecht geht. Der Hund ist ein Meister der Anpassung und hat mit Anbeginn seiner Laufbahn gelernt, selbständig zu agieren, hat Strategien entwickelt, Touristen zu umgarnen, um Nahrung abzustauben, kennt jeden sich lohnenden Müllhaufen in seinem Revier und ist, besonders auch, wenn er in größeren Gruppen umherstreunt, ein Meister des konfliktarmen Sozialverhaltens. Auch wenn es nicht unserer Gedankenwelt entspricht – so ein Hund ist nicht zwangsläufig unglücklich. Und so denke ich, wäre es in vielen Fällen kein Unglück für solch einen Streuner, wenn der Tierschutz vor Ort mehr kastrieren und so die Anzahl der umherstreunenden Hunde auf diese Art dezimieren würde.

Sicher haben Sie im Urlaub auch schon Streuner gesehen und bemerkt, dass sie nicht wirklich einen traurigen oder unglücklichen Hund vor sich hatten. Und kommt er dann in eine Vermittlung, steht diesem Hund erst einmal maximaler Stress bevor, wenn er in den Shelter gebracht wird. Zwar ist dies aus Menschensicht erstmal eine sichere Umgebung, bis er vermittelt wird. Für den Hund bricht jedoch alles, was er in seiner Prägephase und seinem bisherigen Dasein gelernt und gelebt hat, zusammen.

Er ist eingesperrt – was ein absolut Freiheit gewohnter Hund wohl eher als Schock empfinden muss. Dort muss er sich wieder neu justieren, bekommt zwar regelmäßig Nahrung, aber in dem Fall, dass er gesund ist, würde er liebend gerne wieder auf der Straße leben, denn das ist das Element, in welchem er bis zur Minute seiner „Gefangenschaft" erfolgreich überlebt hat. Diese Tatsache sollten wir unvermenschlicht einmal mit im Auge behalten.

Ein völlig anderer Fall ist ein kranker Hund – neben der Gefahr der Ansteckung anderer Artgenossen –, der medizinische Hilfe benötigt, oder die Massen an manchmal auch mit voller Absicht ange- oder überfahrenen Hunde. Hier ist ein Eingreifen der Menschen sehr oft die einzig rettende Maßnahme für das Tier.

Leider ist an dieser Stelle aber auch zu erwähnen, dass beim Menschen Gut und Böse auch hier sehr nah beieinander liegen. Der eine Mensch widmet sich wirklich aufopferungsvoll den Straßenhunden, versucht die Lage so vieler in Not geratener Hunde zu lindern. Ein Anderer jedoch wittert Gewinn – solche menschlichen Kreaturen, die Transporter, beladen mit Käfigen, in denen nicht selten mehr als ein Hund in einem Käfig mit umgestoßenen Wasserschüsseln und vollgekotet und uriniert viel zu viele Stunden und Klimometer eingepfercht ist, aus Rumänien zum Beispiel nach Polen, Tschechien und auch Deutschland bringen, um diese Hunde gewinnbringend zu verhökern.

Überlebt so ein Hund – ganz oft sind es auch Welpen, die erst wenige Wochen leben – diesen Transport, sind sie sehr oft krank, körperlich und seelisch traumatisiert und werden nie ein unbeschwertes Leben führen können. Denn der Mensch, der einen „natürlich" 12 Wochen alten Welpen auf dem Polenmarkt erschachert, „weil er zwar nicht die Absicht hatte, den kleinen Hund zu kaufen, aber einfach helfen wollte", bekommt ein kleines Lebewesen, das meistens nicht älter als sechs Wochen alt, kein Immunsystem aufgebaut hat und meist als erstes Giardien ins neue Zuhause schleppt. Und weil sich das der Mensch nicht so vorgestellt hat, einen Haufen Tierarztkosten bezahlt und trotzdem kein gesundes Tier hat, gibt er das kleine Wesen nicht selten schnell ab. Dann wird der kleine Hund zum Wanderpokal und ihm steht ein Leben voller Leid bevor.

Also, lieber Hundekäufer von Polen- oder sonstigen Schachermärkten: Kommen Sie mir bitte nicht mit dem Helfersyndrom – Sie leisten diesen ganzen Machenschaften mit Ihrer unüberlegten Handlungsweise Vorschub und sind für das Leid der Hunde mit verantwortlich.

Nicht unerwähnt bleibt auch hier die Geiz-ist-geil-Mentalität – denn natürlich haben Sie unglaublich gespart!In deutschen Tierheimen warten so viele Seelen auf ein neues und liebevolles Zuhause. Und wenn Sie wirklich helfen wollen, dann schauen Sie doch einmal dort vorbei.

Ich erlebe in meiner Praxis aber auch viele Erfolgsgeschichten zu aus dem Ausland auf offiziellem Weg vermittelten Hunden. Ganz viele Halter dieser Hunde, die ich kenne, versuchen dem neuen Familienmitglied ein liebevolles und schönes Zuhause zu geben.

Dabei stoßen sie anfänglich oft an ihre Grenzen. Denn Sinka trifft eigenständige Entscheidungen, nutzt jede Möglichkeit zur Flucht, will nicht allein bleiben, oder frisst alles, was sie erbeutet. Es ist ein langwieriger Prozess für sie zu lernen, dass es täglich zwei hochwertige Mahlzeiten gibt und man sie nicht schlingen muss, weil Konkurrenten ständig präsent sind. Dass man vor Autos nicht in Deckung gehen muss, weil man „sicher“ an der Leine geführt wird, dass die Hand, die sich auf sie zubewegt, sie nicht schlagen, sondern streicheln will, dass sie ganz viele Dinge nicht mehr selbst entscheiden muss und darf.
Aber nach einiger Zeit lebt sich der Anpassungskünstler Hund ein und entwickelt neue Strategien, um sein Leben so angenehm, wie es für ihn möglich ist, zu gestalten.

„Wenn ich mich zu dem Menschen auf die Couch lege, werde ich gekrault, wenn ich meinen Hundeblick aufsetze, fallen Leckerlis vom Tisch, wenn ich ihn mit der Pfote anstoße, bekomme ich Zuwendung, ich habe ein weiches Bett und wenn ich noch ein bisschen nerve, schlafe ich bei meinem Menschen im Bett. Und wenn ich ganz großes Glück habe, finde ich auch ein paar neue Kumpels.“

Und wenn der Mensch versteht, dass es nicht nur für ihn, sondern besonders für den Vierbeiner eine enorme Herausforderung ist, sich in einer Welt voller Überfluss an lebensnotwendigen Ressourcen, an Liebe, aber auch an andauernde Bevormundung zu gewöhnen und neu zu orientieren, dann kann ein sehr erfülltes Miteinander entstehen. Das wünsche ich jedem Hund aus dem Tierschutz von Herzen.

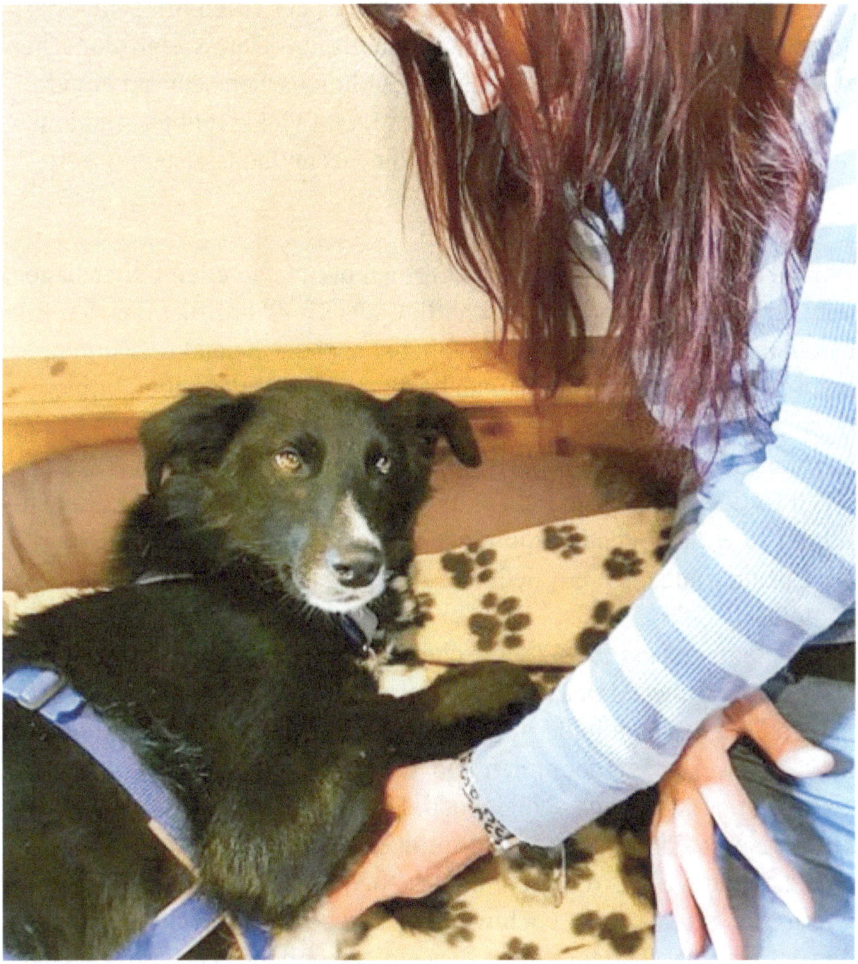

Auf dem Bild sehen sie Linus in meiner Praxis. Durch das einfühlsame Verhalten seiner beiden Menschen wurde aus seinem Umzug nach Deutschland eine glückliche Geschichte.

11. Der Hund in der Stadt

Erst einmal kann man feststellen, dass ein normaler Haushalt in der Stadt einen Hund nicht unbedingt benötigt. Warum halten wir also in der Stadt Hunde? Wir brauchen keinen Jagdhund mehr, keinen Hüter und auch keinen Hirtenhund. Dennoch hat es der Hund mit seiner hervorragenden Anpassungsfähigkeit geschafft, das Herz vieler Menschen zu erobern und deshalb sind auch die Stadtmenschen sehr am Hund interessiert. Hierfür sind wir Menschen bereit viel zu geben: erst einmal die Anschaffung, die Ernährung, die Gesundheitskosten, unsere Zeit und unser Herz.

Wir suchen im Hund einen Sozialpartner, der uns in allen Lebenslagen liebt, uns begleitet und uns beschäftigt. Der Hund eröffnet uns den Eintritt in eine Welt voller unterschiedlicher sozialer Kontakte: Einmal beim normalen Gassigang. Hundehalter untereinander haben immer Gesprächsstoff – das kennen Sie bestimmt. Dann trifft man sich gezielt in Hundeschulen, Hundesportvereinen, in sozialen Netzwerken usw. Auch ist der gute Vorsatz, ein aktives und bewegungsfreudiges Leben führen zu wollen, gepaart mit einer Vorliebe für die Gattung Hund, oft ein Beweggrund, sich ein Fellchen zuzulegen.

Ein weiterer Aspekt ist die seelische Vereinsamung vieler Menschen. Haben sich früher Menschen lokal getroffen um zu kommunizieren, haben diese Stelle ja leider und ziemlich allumfassend sogenannte soziale Netzwerke eingenommen und der Mensch vereinsamt damit ziemlich unerkannt und schleichend. Denn niemals kann ein persönliches Gespräch durch eine Whatsapp-Kommunikation ersetzt werden – auch wenn wir uns das nicht eingestehen wollen. Der Mensch vereinsamt, sozial gesehen, auch wenn er Facebook-"Freunde" auf der ganzen Welt hat. Niemals kann dies ein persönliches Gespräch ersetzen. Hinzu kommt, dass die Unterhaltung in diesen Netzwerken der Verrohung der Kommunikation absoluten Vorschub leistet. Unerkannt durch ein anonymes Profil, lässt sich auf Facebook und Instagram sehr gut Mobbing ausüben, Beleidigung und Intoleranz. Viele dieser bedauerlichen Auswüchse wären aus meiner Sicht im persönlichen Gespräch und wenn man Gesicht zeigen muss, nie entstanden.

Und so ist das Sozialwesen Mensch auf der Suche nach einem Ersatz für fehlende soziale Wärme, Verlässlichkeit, unvoreingenommene Liebe und Treue in seinem Leben. Und sehr viele Menschen suchen diese Attribute beim Hund als neuem Sozialpartner. Tablette mit Fell gegen Einsamkeit.

Besonders deutlich wurde dies zu Zeiten von Corona, welche ja zum sprunghaften Anstieg der Kauffreude in Sachen Hund geführt hat. Bedauerlich und typisch für unsere Wegwerfgesellschaft ist in dieser Hinsicht nur, dass nach Beendigung der Reglementierung unserer Freizeit durch Väterchen Staat viele Hundeseelen ins Tierheim gebracht wurden. So ist der Mensch leider – und für mich nicht nachvollziehbar.

Am Ende – entschuldigen Sie bitte den Ausdruck – ist ein Begleithund in der Stadt ein geliebtes Luxusobjekt. Und da ich – so bezeichne ich es auf Arbeit immer – am Ende der Anwalt des Hundes bin, möchte ich sagen, dass Sie als Stadthundehalter es Ihrem Vierbeiner schuldig sind, ihm auch im urbanen Umfeld ein hundliches Leben zu ermöglichen und ihn nicht nur für Ihren Zweck zu gebrauchen. Hund hat das Recht auf Bewegung, er ist ein Lauftier und braucht körperliche Ausarbeitung für die körperliche und seelische Gesundheit und ihm reicht der Gang um den Block nicht aus. Und er hat auch nichts davon, wenn Sie beim Spaziergang mehr mit Ihrem Handy und mit Gesprächen mit anderen Hundehaltern zu tun haben, als sich wirklich Ihrem Hund zu widmen, der den ganzen Tag darauf gewartet hat, endlich Gerüche zu inhalieren, Spuren zu lesen … Ja, ja, es wird gern der Begriff des Zeitunglesens gebraucht … Sie sind nicht verpflichtet, Hundesport zu betreiben, Vereinen beizutreten und sämtliche moderne Richtungen der Hund-Mensch-Beschäftigung auszuprobieren. Aber bitte: Seien Sie wenigstens einmal am Tag fokussiert auf die Bedürfnisse Ihres Hundes. Er hat sich das mehr als verdient.

Ein weiterer Gedanke ist die Auswahl der Hunderasse. Ich habe großes Mitleid mit zum Beispiel Doggen in einer Einraumwohnung. Oder einem Altdeutschen Schäferhund in einer gut beheizten und beschallten Neubauwohnung.

Übertreibung macht anschaulich. Es macht durchaus Sinn, sich vor dem Hundekauf einmal zu überlegen, in welchem Wohnumfeld er für sein Leben zurechtkommen soll. Denn auch eine Deutsche Dogge wird einmal krank oder alt und Sie möchten diese bestimmt nicht täglich mehrmals in den vierten Stock tragen, oder? Das möchten Sie wahrscheinlich nicht einmal mit einem Labrador-Rüden, dessen Gewicht meist um die 30 kg beträgt. Und so freue ich mich immer, wenn Menschen, die in Mietshäusern in der Stadt wohnen, sich für eine kleinere Hunderasse entscheiden und noch erfreulicher ist es, wenn ich Menschen kennenlerne, die ihren kleinen Hund auch als Hund wahrnehmen und so erziehen wie jeden größeren Hund auch. Dann kann sich so ein kleiner Kläffer nämlich zu einem absolut sympathischen Zeitgenossen entwickeln.

Wie immer möchte ich auch an dieser Stelle von positiven Eindrücken berichten. Es gibt auch sehr viele Stadtmenschen, die sehr kreativ darin sind, dem Hund immer wieder andere Routen zu bieten, die er zusammen mit seinem Menschen erforschen kann. Hundehalter, die des Öfteren zum an die Stadt angrenzenden Wald fahren und dort zusammen mit ihrem Hund Frischluft, Bewegung und viele neue Stimulanzien für Kuno tanken. Es gibt auch in der Stadt viele Hundehalter, die sich – wenn denn Stadt Wiesen bereitstellt – auf diesen treffen und die Hunde dort zusammen agieren, sprich, meistens spielen und kampeln lassen. Es ist so wichtig für Hunde, Artgenossen zu treffen und wenn es passt, sich mit diesen zu bewegen, zu spielen – eben Hund „sprechen“ zu dürfen.

Viele Städte haben auch Stadtparks, die Mensch und Hund die Möglichkeit geben, im Grünen zu sein. Das Problem ist jedoch die Leinenpflicht, die einerseits sicherlich notwendig ist, aber andererseits dem Hund keinerlei Möglichkeit gibt, sich während seiner „Arbeitszeit“

ausreichend auszulasten. Dies meine ich besonders in Fällen von älteren Menschen mit Hund.

Ich habe in meiner Praxis aber auch von einem Fall gehört, wo sich mir wieder einmal sprichwörtlich die Nackenhaare aufstellen:
Eine Kundin von mir – selbst etwa 70 Jahre – ist noch relativ sportlich unterwegs und geht täglich mit ihrem Shi tzu und ihrer Bologneser-Hündin im Stadtpark spazieren. Nun war Mike, der kleine Shi Tzu, schon sehr in die Jahre gekommen und wie viele Hunde entwickelte er einen gewaltigen Altersstarrsinn. Bei ihm wirkte sich dies so aus, dass er nicht mehr an der Leine gehen wollte – er blieb dann einfach stehen, so sehr ihn meine Kundin auch lockte, ansprach und manchmal auch etwas an der Leine zog.

Machte sie Mike jedoch von der Leine ab, dann ging der kleine alte Hundemann in seinem langsamen Tippelschritt wenigstens ein paar hundert Meter. Und da meine Kundin mit Recht besorgt war und Mike die durch sein Alter ohnehin reduzierte Laufleistung wenigstens für eine tägliche Bewegung benötigte, ließ sie ihn ohne Leine laufen. Für jeden nachvollziehbar ist, dass Mike sich weder in die Büsche schlug und jagte und auch niemanden belästigte.

Dann kam das Ordnungsamt und mit ihm ein besonders pflichtbewusster und völlig ignoranter Beamter und wies meine Kundin an, Mike anzuleinen. Sie erklärte die Situation ganz ruhig und bat um Verständnis, doch Gesetz ist Gesetz und es scheint, manchen Beamten macht die Ausübung ihrer Weisungsmacht unglaublichen Spaß und Selbstbewusstsein. Denn die Frau bekam prompt ein Bußgeld aufgebrummt.

Mich würde einmal interessieren, wie sich dieser – gegenüber einer alten Frau – so mutige und dienstbeflissene Beamte verhalten würde, wenn er auf eine Gruppe Leute trifft, die sich saufender Weise auf den Bänken im Park lümmelnden Individuen, die mit ihrem Müll täglich unsere Stadtparks verschönern, genauso konsequent und gesetzestreu verhalten würde. Der Zustand unserer Parks spricht eine andere Sprache. Denn die Wege, Wiesen und Büsche sind meistens nicht bunt wegen der Blumen, die da wachsen sollten, sondern von Mensch gemachtem Müll, der überall und in Massen herumliegt. Und gegenüber dem

„Biomüll", den unser Hund absondert, dauert es laut Internet bis zu 450 Jahre, bis eine Plastikflasche verrottet.
Und ich habe auch noch keinen Ordnungsbeamten gesehen, der einen Menschen maßregelt, der – mit seinem Fahrrad im Park trainierend und dabei seinen Eiweißriegel essend – das Papier in die Büsche schmeißt.

Zusammengefasst ist das Leben unserer Hunde in der Stadt ein buntes Mosaik aus Hundehaltung der unterschiedlichsten Art. Vom sprichwörtlichen Straßenhund, der, mit Papa-Punk auf dem Gehweg der Einkaufsstraße sitzend, seelenruhig dösend die Zeit verstreichen lässt. Das Phänomen dieser meist absolut gechillten Hunde ist vielleicht die Ruhe und die Bindung, die sie in ihrem hundlichen Verständnis und Seelenleben zu ihrem Zweibeiner entwickeln. Denn egal, wie Sie – lieber Leser – solche Menschen finden – meist ist die Bindung dieser Menschen zu ihrem Hund sehr innig und vor allem ruhig – und das gefällt der treuen Seele auf vier Pfoten.

So zieht sich das bunte Mosaik weiter zu großen, kleinen Rasse- oder Mischlingshunden und alle diese Hunde haben eins gemein: Sie möchten Hund sein dürfen und nicht vermenschlicht werden, möchten Auslastung durch Bewegung, möchten, wenn es geht, ein paar vierbeinige Kumpels haben, mit denen sie wenigstens einmal am Tag hundlich kommunizieren können und möchten ein Zuhause mit klaren Regeln, an denen sie sich im Großstadtdschungel und in Ihrer Wohnung zurechtfinden und entspannen können. Hund ist ein großartiges soziales Lebewesen mit Rechten und kein Accessoire, das sich in Ihr Leben einzupassen hat. Wenn Sie sich für einen Hund entscheiden, sollten Sie sich bitte im Klaren sein, dass die Grundlage einer wunderschönen Mensch/Hund/Gemeinschaft gegenseitiges Verständnis ist. Geben und Nehmen. Ihr Hund hat damit kein Problem. :)

12. Der Hund auf dem Land

Diese kleine Abhandlung muss ich eigentlich zweiteilen. Weil das ländliche Leben sich ja in den letzten zwei Jahrzehnten auch beachtlich verändert hat.

Einmal hatten Hunde auf dem Land Aufgaben: Sie bewachten Haus und Hof – was unter den heutigen Umständen wieder populärer wird –, sie bewachten Herden, hatten ihren Job auf Reiterhöfen und sonstigen landwirtschaftlichen Betrieben und vor allem kündigten sie Besucher an. Deshalb und je nach Lage des Hofes holte man sich oft imposante Hunderassen, wie Bernhardiner, Hovawart, Riesenschnauzer, Sennenhunde oder den Deutschen Schäferhund, ins Haus bzw. auf den Hof. Man erwartete vom Hund, dass er sich hoftreu verhielt und nicht ins Dorf zum Streunen und Jagen abwanderte.
Das Positive war und ist: Der Hund lebte und lebt hauptsächlich an der frischen Luft und darf seine Bestimmung leben.

Und dann kommen wir zu den sogenannten Neudörflern:

Von der Stadt aufs Land gezogen, Haus gebaut, Grundstück angelegt … fertig ist das Landleben. Nicht ganz fertig – es fehlt noch etwas: der Hund. Ist das Fellchen dann angeschafft, geht´s gemeinsam raus in die Natur. Denn mit einem Hund macht ein Ausflug ins Grüne viel mehr Spaß – und überhaupt hat man dann einen triftigen Grund, rauszugehen. So ist die Vorstellung.

Nur hat sich im Sinne des technischen Fortschrittes die Einstellung zum Leben auf dem Land aus meiner Sicht sehr in eine Schräglage begeben. Ein Beispiel ist die allseits beliebte Anschaffung eines Rasenmähroboters für die Pflege des akkuraten Rasens vor und hinter dem Haus.

Wenn ich zu Hausbesuchen unterwegs bin und die grünen Kurzflor-Teppiche ohne jedes Leben in Form von Gänseblümchen, Löwenzahn oder Klee sehe, kann ich mich meist eines Kommentars nicht entziehen. Aber schließlich haben Sie Beete angelegt, oder Pflanzschalen aufgestellt, damit die Bienchen Nektar sammeln können, ist eine Ihrer Ausreden. Doch erklären Sie mir bitte, warum ziehen Sie aufs Land, wenn Sie sich mit diesem, Ihrem Land (Grundstück) nicht mehr beschäftigen wollen? Was ist eigentlich verkehrt daran, seinen Rasen zu mähen, Zeit mit seinem Land zu verbringen, sich etwas auszuarbeiten (besonders nach eventuellem Bürojob)?

Ich denke einmal, Bewegung tut uns allen gut und auch das Mähen ist eine Form davon. Warum ziehen Sie in die Natur und technisieren, diese wo es nur geht? Selbst wenn Sie körperlich nicht mehr so fit sind, ist Bewegung immer noch die beste Medizin und es gibt auf dem Markt leichte, schwere, große, kleine Rasenmäher mit und ohne Antrieb. Und was ist das eigentlich für ein Bild – ein Rasen ohne jedes Leben? Nennen Sie es Geschmackssache – ich meine, eine Wiesenblume schadet dem Ansehen einer Wiese und eines Grundstückes nicht und sieht allemal besser aus als ein bis zur Künstlichkeit geradlinig geschorenes Grün. Und reden Sie bitte nicht von fehlender Zeit.

Wenn ich mein eigenes Beispiel erwähnen darf:

Wir leben mit einem Huskyrudel und Katze Fanny auf einem Hof, der ein Grundstück von 5000 m² beinhaltet. Ich bin selbständig und keinen Tag in der Woche vor abends 20.00 Uhr daheim. 25 bin ich auch nicht mehr, aber: *Ich glaube, dass hier so mancher Stadt-Schäfi gerne einziehen würde.* Es geht und es gibt einem Ausgleich und Ablenkung, sich mit seinem Grundstück zu beschäftigen. Für den Rasen habe ich einen Rasentraktor angeschafft und es macht außer Arbeit auch Freude, sich mit seiner Erde zu befassen.

Und denken Sie nicht, ich wäre so eine ewig Gestrige – nein. Aber muss man jeden Trend mitmachen? Ein allgemeines soziales Problem. Das Ablegen von eigenen Gedanken und Entscheidungen im Sinne der Trend-Allgemeinheit.

Es scheint jedoch für einen typisch akkuraten Deutschen auch zum Trend zu gehören, den Müll vom eigenen Grundstück in die freie Natur zu entsorgen, weil der Kompost sonst zu schnell voll wird und das möchten Sie nicht. Entsorgung auf dem Werkstoffhof kostet etwas, also Geiz ist geil und man entsorgt ordentlich abgepackt in Plastebeuteln in den Wald.

Wobei der Wald ja auch seit einigen Jahren Sammelsurium für allerlei ausrangierte Haushaltsgeräte, alte Autoreifen, Hausmüll und dergleichen geworden ist. Hauptsache runter vom eigenen Grundstück.

Übler geht's wirklich nicht, „Mensch"!

Und betrachten wir im Gegenzug einmal bitte den Aufruhr, den so ein voll biologischer Hundehaufen auslösen kann. Natürlich sind diese Gutdufter nichts für den Fußweg oder die gepflegte Wiese im Wohngebiet, aber allemal akzeptabler als die Dinge, die Mensch für gewöhnlich hinterlässt.

Freude kommt bei mir auch auf, wenn wir an einer Radrennstrecke im Wald mit den Hunden unterwegs sind. Sport frei für Radsportler in Herren-Funktionskleidung, die das Papier, aus dem sie ihre Energieriegel während der Fahrt entpellen, ins Gebüsch schmeißen. Oder die Sonntagsspaziergänger und die Fuß-Aktiven jeglicher Couleur, die auch nicht abgeneigt sind, sich ihres Mülls im Wald zu entledigen. Aber der Hund ist der Schmutzfink – finde den Fehler!

Zurück zum Hund: bedeutet Dies für ihn, sich „ordentlich" auf Ihrem kaputt gepflegten Rasen zu benehmen. Die Halme nicht platt liegen … und auf gar keinen Fall buddeln. Frischluft genießen heißt für viele neudeutsche Landhunde, sich an der Leine auf dem Fußweg im Dorf zu bewegen; manche fahren auch mit ihrem Hund mitunter zum nahegelegenen Wald, wo er, wie oben schon beschrieben, bitte an der Leine zu bleiben hat – schließlich ist in Deutschland ja Leinenpflicht und diese kann man sich auch gut zurechtbiegen und für gut befinden, wenn man keine Lust hat, den gepflegten Waldweg zu verlassen. Was bringt das eigentlich dem Hund, der ein Recht auf Bewegung, Beschäftigung, neue Eindrücke und ein im positiven Sinne Hundeleben hat? Nicht viel … aber er beugt sich – was bleibt ihm Anderes übrig – und spielt Ihr Spiel mit.

Andersherum habe ich jedoch auch schon Hundehalter erlebt, die ihren mit einem GPS ausgestatteten Hund sich einfach „in die Büsche schlagen lassen“. Es lebe der Fortschritt. Für knappe 75,00 Euro im sogenannten Fachhandel zu kaufen. Denn als es diese Tracker noch nicht gab, haben sie so manches Mal ganz schön geschwitzt, weil Bongo ewig nicht wieder kam. Aber die Zeiten sind vorbei. Sie haben immer den Überblick, wo er sich gerade hinbewegt. Erzählen Sie das bitte einmal dem Rotwild, Reh oder anderen tierischen Waldbewohnern, die Bongo schon – so haben sie es mir auch noch berichtet – aufgeschreckt und gejagt hat, weil er eben gerne stöbert und jagt. Mir haben sie einmal berichtet, dass Bongo nie gut leinenführig war, aber dass der Rückruf immer mal gut funktioniert. Deshalb haben sie jetzt für beide – Mensch und Hund – die aus ihrer Sicht beste und stressfreieste Lösung gefunden.

Sie sind auf jeden Fall der beste Freund jedes Försters … und ehrlich gesagt, kann ich ihn verstehen.

Auf die Gefahr hin, dass Sie mich kritisieren und an die gesetzliche Leinenpflicht erinnern: Ich bin dafür, den Hund auch freilaufen zu lassen. Dies setzt natürlich voraus, dass er eine Bindung zu Ihnen aufgebaut hat, dass er Grundgehorsam hat, der Rückruf funktioniert und vor allem, dass Sie als Hundehalter Ihren Hund lesen und nicht die Nachrichten auf WhatsApp, wenn Sie mit Bongo unterwegs sind. Ihren Liebling macht das Rennen glücklich und seine Natur, sein Gangapparat ist dafür ausgelegt, sich nicht nur im Schritt an der Leine oder im Trab am Fahrrad zu bewegen. Er braucht auch einmal den Sprint, will seine durch die gute Ernährung aufgenommene Energie wieder umsetzen und Rennen gehört nun einmal dazu und überhaupt zum Hund.

Sie werden mir erwidern, dass der Hund allgemein zum Jagen neigt. Stimmt …

Aber Sie können sehr viel dafür tun, um eventuelle negative Vorfälle auszuschließen:

Wenn Sie achtsam durchs Gelände gehen, wissen Sie nach einer Zeit, wo sich Rotwild & Co. in der Regel aufhalten. Natürlich muss hier der Hund an die Leine. Sie werden auch bemerken, dass es bestimmte Tageszeiten und Jahreszeiten gibt, wo sich die Waldbewohner in der Nähe Ihrer Gassiroute aufhalten. Auch an dieser Stelle gebietet sich die Leine von selbst.

Trotzdem ist Leben nicht planbar und Sie können nicht alle Risiken ausschließen. Und selbst eine Leine kann reißen. Deshalb ist eine gute Bindung und Erziehung das A und O für mögliche Freiräume für Bongo.

Was man an dieser Stelle auch nicht unerwähnt lassen sollte:

Erziehung des Hundes endet nicht, wenn er nun endlich zuverlässig den erwünschten Grundgehorsam zeigt, Sie die Ausbildung in einer Hundeschule mit ihm absolviert oder ihn alleine nach Ihrem besten Wissen ausgebildet haben. Erziehung und klare Regeln und Grenzen sollten genauso selbstverständlich jeden Tag Bestandteil seines Hundelebens sein, wie die Liebe und das Futter, was sie ihm geben. Denn sobald Sie selbst anfangen – sinnbildlich gesagt – zu schlendern und unachtsam oder inkonsequent zu werden, wird Bongo dies sofort erkennen und zu seinem Vorteil ausnutzen. Und was Bongo unter seinem Vorteil versteht, ist nicht selten ausbüchsen, jagen usw., denn das ist nun einmal sein Wesen. Weil – und das vergessen wir sehr oft – er liest uns jeden Tag und in jeder Situation, in der wir mit unserem Hund zusammen sind. Und Lücken werden sofort zum eigenen Vorteil durch Eigeninitiative ersetzt. Darin ist Hund Meister.

Wie in jedem Bereich kann man auch hier Positives berichten; viele Hundehalter entscheiden sich gegen die unsinnige Flexi-Roll-Leine und legen sich eine lange Schleppleine zu, welche dem Hund wenigstens etwas Bewegungsspielraum und -freiheit bietet. Es gibt Menschen, die ihrem Vierbeiner Fährten legen, sie am Fahrrad auslasten usw.

Aber – wie Sie schon festgestellt haben – schreibe ich mit diesem Buch auf, was mir an Unsinnigem, Negativem und Ignorantem gegenüber dem Hund begegnet, weil ich so gerne möchte, dass mancher Leser einmal reflektiert, was er seinem besten Freund so zumutet und eventuell über seinen Schatten und kleinen bösen Schweinehund springt und einige Dinge ändert.

13. Das Apportieren: eine Form der Beschäftigung

Was der Mensch sich alles in seiner schier grenzenlosen Intelligenz so ausdenkt: zum Beispiel das Apportieren. In vielen Fällen sehr nützlich: zum Beispiel als Arbeitshund in einem Haushalt mit einem beeinträchtigten Menschen und vielen anderen Diensthunde-Aufgaben. Keine Frage. Und der Hund allgemein will sich bewegen, will spielen, will lernen. Stimmt. So kann das Apportieren als Form der Beschäftigung und Ausarbeitung bei geeigneten Hunderassen sehr gut eingesetzt werden.

Es gibt viele Hunde, die mit großem Eifer bei der Sache sind, wenn´s ums Apportieren geht. Zum Beispiel der Labrador, der Golden Retriever (der Name sagt es ja schon), Spanielarten, der Schäferhund und sehr viele andere Hunderassen und Mischlingshunde.

Es ist eine Freude dabei zuzusehen, wie sich Hund mit großem Eifer verausgabt und bei dieser Art der Beschäftigung eine unglaubliche Ausdauer an den Tag legt.

Ein weiterer positiver Aspekt ist, dass sauber gelerntes, aufgebautes und ausgeführtes Apportieren dem Hund und dem Halter Freude bereitet und eine gute Sache für die Ausarbeitung und Stärkung der Bindung zwischen beiden ist.

Wenn ich beobachten darf, wie zum Beispiel der Border Collie einer Kundin von mir schier im Flug präzise die geworfene Frisbee-Scheibe fängt und diese mit großem Eifer und schon in Erwartung des nächsten Werfens seiner Halterin zurückbringt, dann geht mir das Herz auf. Was für eine Leistung eines mit allen Sinnen voll konzentrierten Hundes. Ein weiterer Punkt, aus dem ich im positiven Sinne dem Lebewesen Hund großen Respekt zolle: seinen Sinnesleistungen und seiner Körperbeherrschung.

Durch meine Arbeit kenne ich auch einige Halter von Schäferhunden. Und ohne es verallgemeinern zu wollen, stelle ich fest, dass diese Schäfis ihre eigene Methode bei der Beschäftigung mit dem Ball oder der Frisbee-Scheibe entwickelt zu haben scheinen. Auf jeden Fall konnte ich feststellen, dass diese Schäferhündinnen scheinbar wesentlich lieber stundenlang Ball spielen, als Begeisterung für einen Gassigang zu hegen – heißt: „Mutti“ wirft den Ball und Schäfi lauert schon fast atemlos, bis der Wurf erfolgt und sprintet seiner runden Beute hinterher. Die Rückgabe dieser Beute ist sehr oft eher problembehaftet, denn Gina beißt sich gerne daran fest und denkt nicht daran, auf „Aus!“ zu reagieren, wenn sie nicht konsequent dazu erzogen wird. „Muttis“ haben dann wenigstens zwei Bälle zur Verfügung, die sie Gina & Co. im Tauschgeschäft anbieten. Dann können sie Schäfi zum Abgeben animieren. Nicht sauber ausgeführt, stimmt. Egal, wie – jedenfalls arbeitet sich bei dieser Art der Beschäftigung so mancher Schäferhund gut aus und, insofern er auf dem Land lebt, habe ich anschließend schon so manchen Ballspieler zufrieden im Schatten unter einem Baum auf dem Grundstück dösen sehen.

Wenn man seinen Hund mit dem Apportieren beschäftigen möchte, ist es kein Fehler, sich vorher ein bisschen Literatur anzuschauen oder mit einem in dieser Sache fachkundigen Hundetrainer zu besprechen. Denn sonst kann es auch in diesem Fall dazu führen, dass Hund sich respektlos verhält wie meine Schäferhund-Beispiele und lediglich zu seinem Vorteil – zum Beispiel für eine Belohnung – zur Mitarbeit zu animieren ist. Dann hat diese Form der Beschäftigung gar keinen Erziehungswert.

Denn manchmal läuft es ganz anders, nämlich so, dass Mensch ein Stöckchen wirft, Hund es wiederbringt … ja … weil der Mensch dann ein Leckerli rausgibt, sehr oft im Tauschgeschäft, sonst gibt er den Stock gar nicht raus …

Und dann sind mir auch noch besonders vorsichtige Hundehalter bekannt, die natürlich auch bei einem geworfenen Stöckchen die Gefahr heraufbeschwören, dass der Hund diesen frisst … (natürlich hat es schon Vorfälle von Verletzungen in der Mundhöhle einiger Hunde gegeben, aber es ist wirklich nicht die Regel) und sich aus diesem Grund Dummies zulegen oder aber gleich den Futterbeutel werfen, um sicher zu gehen, dass Hundi wirklich zurückkommt, weil er nämlich schlau ist und weiß, dass er selbst zum Zerlegen desselbigen zu lange brauchen würde. Das dient aus meiner Sicht weder der Bindung noch der Erziehung des Vierbeiners, denn was soll Hund aus diesem Prozess lernen? Dass Mensch zu dumm ist, auf seine Sachen selbst aufzupassen?

Dass er seinen Menschen quasi erpressen kann: Beutel gegen Futter? Weil ganz sicher versteht der Hund eine solch unsauber ausgeführte Beschäftigung mit ihm nicht wirklich und wird denken: „Eine sehr merkwürdige Spezies, dieses Wesen auf zwei Pfoten."

Nicht alle Hunderassen mögen das Apportieren oder sind, besser gesagt, zur Mitarbeit zu animieren.

Ein Beispiel: In unserem eigenen Rudel leben Sibirische Huskys und Alaskanische Huskys. Wem der Begriff Alaskan-Husky nichts sagt: Diese Hunde wurden, insbesondere in Alaska, als Arbeitshund gezüchtet. Heute züchtet man in unterschiedlichen „Linien", um einen optimalen Schlittenhund zu prägen.

Unser Tala enthält wohl einen ordentlichen Anteil Schäferhund Er ist gerne ein Kontroll-Freak, ist gutmütig, aber darin auch sehr grobmotorisch und unterscheidet sich in seinem Sozialverhalten stark von unseren Sibiriern. Während Tala also mit Begeisterung einem Ball hinterhersprintet, schaut Mamid – Sibirier – mich aus seinen blauen Augen nur müde an und scheint zu sagen: „Hol dein Zeug alleine wieder." Also: Genau wie wir Menschen dürfen Hunde unterschiedliche Neigungen haben. Und wenn Ihr Hund immerzu Freude am Apportieren hat, dann ist das Spiel und die Ausarbeitung mit einem Wurfgerät eine tolle Form der Auslastung.

14. Der Modehund

14.1. Der Staffordshire Terrier

Ich möchte hier nicht den Eindruck erwecken, bezüglich von Hunderassen oder -typen Vorlieben zu haben. Nachfolgend habe ich lediglich einige Rassen zu meinen Überlegungen hinzugezogen und möchte anreißen, wie weit Zucht zum Zwecke der Menschen gehen kann.

Ursprünglich und vor ca. 250 Jahren in England zum ersten Mal auftauchend, lebten diese Hunde meist in sehr beengten Verhältnissen in Arbeitersiedlungen zu dem Zweck, Ratten zu vernichten – wie einige andere Terrier-Rassen auch –;danach vergnügte sich die menschliche Perversion am sogenannten Rattenbeißen, also wurden Wetten abgeschlossen, welcher Hund in kürzester Zeit die meisten Ratten totbiss, bevor sich ein noch kränkeres menschliches Hirn den Kampfhund – also Kampf Hund gegen Hund ausdachte … es ging um Wetten, Geld und Ansehen …
„1935 wurde diese Rasse dann vom Kennel Club, dem Verband der englischen Hundezüchter, als eigene Rasse anerkannt; seitdem wurde der Rassestandard nicht unwesentlich verändert (1948 und 1987). Die Änderung mit den stärksten Auswirkungen war die Reduzierung der erwünschten Höhe um 5,1 cm, ohne dabei das Höchstgewicht anzugleichen, was aus dem Staffordshire Bullterrier einen für seine Größe eher schweren Hund machte. Laut Rassestandard gehört Intelligenz sowie eine ausgesprochene Menschen- und Kinderfreundlichkeit zu den primären Zuchtzielen. (Quelle: Wikipedia)

An diesem Beispiel zeigt sich deutlich die krankhaft überhebliche Machenschaft des Menschen. Wir kürzen einfach mal die Höhe …
Da fehlen selbst mir die Worte! Denken Sie bitte einmal an die die Erde bevölkernden wilden Caniden (Hundeartigen).
Daran, wie wundervoll sozial, klar und liebevoll die Welpenaufzucht, die Prägephase, die Rudelordnungsphase verläuft, wie sich die älteren

Tiere in einem Wolfsrudel um den Nachwuchs kümmern, wie wundervoll es ist zu beobachten, wie sich Wölfe und alle sonstigen Hundeartigen begrüßen, sich umeinander kümmern, wie sozial sie bei aller – auch notwendigen – Rangordnung gemeinsam spielen, dösen, sich liebevoll verhalten, wie treu sie – einmal einen Partner gewählt – sind.

Sie vermeiden Konflikte … Ich meine, wir könnten uns ein Beispiel am Sozialverhalten der Caniden nehmen, es wäre eine weitaus friedlichere Welt. Und dann kommt der Mensch und züchtet und baut an ihm herum, bis ein Wesen entsteht; der den Genotyp (die Erbfaktoren) und den Phänotyp (die sichtbaren Eigenschaften) so moduliert, bis er einen Hund daraus „baut", der in seinem Verhalten so getrieben wird, dass er zum sogenannten Kampfhund taugt, damit Mensch sich daran ergötzen und vor allem auch bereichern kann. Wollen wir uns nicht vorstellen, wie diese geschundenen Seelen und Körper früher ausgemustert wurden, wenn sie nicht mehr brauchbar waren.
Glücklicherweise wurden diese Machenschaften 1835 per Gesetz untersagt; was aber bleibt, sind Hunde, die durch erbliche Faktoren zur Hüftgelenksdysplasie, Arthrosen im frühen Alter, Katarakte – also Eintrübung der Augenlinsen in jungen Jahren, L2 HGA, die verschiedene neurologische Probleme wie Epilepsie oder Ataxie (Muskelsteifheit) hervorrufen kann – neigen.

In meiner Praxis erlebe ich neben diesen Erkrankungen viele Fälle von Hauterkrankungen und Allergien. Was ich jedoch erleben darf, sind in der Regel sehr freundliche Staffordshire Terrier, wenn diese entsprechend gehalten werden.

An diesem Beispiel möchte ich die grenzenlose Arroganz des Menschen verdeutlichen, sich die Natur, sei es die Pflanze, die wir genmanipulierten für immer mehr Ertrag und Anpassung an eine Umwelt, die wir durch unser Verhalten nachhaltigst zerstören. Oder sei es ein Wildtier, was wir durch Zucht an unsere „Vorlieben" anpassen – wann hat der Mensch eigentlich seinen Sinn für Ästhetik, Ethik und Respekt vor anderen Lebewesen verloren? Und wie weit will der Mensch noch gehen?

Wir züchten Nackthunde, Handtaschenhunde,manipulieren Größen, Farben, Charaktereigenschaften, „bauen“ Nasen, die keine Luft bekommen, verkürzen den Fang, die Beine, kupieren Schwänze und Ohren, mischen Fellfarben, verpassen ihnen lächerliche „Frisuren“ nach sogenannten Rassestandards und … fühlen uns noch wohl dabei? Nennen uns Hundefreunde?

Mein Resümee ist, dass sich der Mensch gemeinhin nicht allzu viele Gedanken darüber macht, welche züchterischen Umtriebe zum Vierbeiner seiner Wahl geführt haben.

Auf diesem Bild sehen Sie „Mickey“ in meiner alten Praxis, eine absolut freundliche und liebe graue Schnauze.

14.2. Der Akita

Hachiko – welcher Hundefreund hat diesen Film nicht gesehen und während des Filmes vor Rührung geweint?
Und obwohl dieser Film die Eigenschaften des Akitas auf so wunderbare Art und Weise belegt, kam es auch hier zu einem rasanten Anstieg der Kauffreude …
Einst wurde dieses stolze und wunderschöne Exemplar zum Zwecke der Bären- und Schwarzwildjagd gezüchtet. Er ist ein sehr eigenwilliger Hund und gehört in erfahrene Hände.

Ich füge an dieser Stelle einmal ein Zitat an: „Ein Akita Inu ist durchaus bereit einem Menschen zu folgen. Vorausgesetzt, dieser versteht es, ihn mit viel Geduld, Liebe und Konsequenz zu erziehen. Sinnlose Härte oder gar Gewalt verzeiht dieser Hund ebenso wenig wie Ungerechtigkeiten.

Ein Besitzer, der seinem Vierbeiner schon vom Welpenalter an den Weg weist, ihm seine Grenzen zeigt und seinen Dickkopf toleriert, wird in einem Akita jedoch einen wunderbaren und unglaublich treuen Begleiter finden. Als solcher wird er seiner Familie auch jederzeit beschützend zur Seite stehen.“ (Quelle: Wikipedia)

Und diesem Wesen zufolge landeten auch nach Hachiko viele Vertreter seiner Rasse in Tierheimen oder als Wanderpokal von Haushalt zu Haushalt, weil der Begeisterung nach dem Ansehen des Filmes die Ernüchterung folgte, wenn sich der Akita nicht den individuellen Bedürfnissen eines Besitzers beugte, der von dem Wesen seiner Art keine Ahnung hatte.

In Deutschland lebend und arbeitend möchte ich erwähnen, dass ich leider schon sehr viele Akitas auf Grund von einschlägigen Erkrankungen vorgestellt bekommen habe. Dazu gehören die Sebadenitis (Hauterkrankung), Schilddrüsenunterfunktion und einiges mehr.

Manchmal stelle ich mir die Frage, ob der Akita wegen Überzüchtung so krankheits- und stressanfällig ist oder ob er einfach nicht in unser Klima passt? Ob die Reizüberflutung durch unsere Art zu leben und zu agieren dem Hund einfach „zu viel des Guten" ist? Es scheint, wir haben die Message des Films Hachiko nicht verstanden: Der Akita benötigt einen überschaubaren Personenkreis und er benötigt das Verständnis und den Respekt vor seiner ihm eigenen Persönlichkeit.

Akita-Rüde Emiko in meiner Praxis

Gemäß seinen angezüchteten Merkmalen will dieser imposante Hund beschäftigt werden. Dementsprechend sollten Sie Ihren Akita durch Nasenarbeit auslasten: legen Sie Fährten, lassen Sie Bongo seine Nase einsetzen, wenn Sie Interesse und die Möglichkeit haben, erlernen Sie mit ihm zusammen unter fachgerechter Anleitung das Mantrailing. Respektieren Sie bitte, dass Ihr Hund rassetypisch keine anderen Hunde in seiner Nähe mag (Ausnahmen bestätigen die Regel).

14.3. Der Dalmatiner

Dann kommt im Kapitel der Anschaffung und Auswahl der sogenannte Modehund Dalmatiner ins Spiel. Nach „101 Dalmatiner“ erlebte diese Hunderasse eine unglaubliche Renaissance. Der Film lockte tausende Familien ins Kino und vor den Fernseher und ab da quengelte der Familien nachwuchs nach genau diesem Hund. Die Herkunft dieser Hunde ist nicht genau geklärt. Bekannt ist aber, dass sie im Viktorianischen Zeitalter (bis 1905) Kutschen begleiteten. Sie sind kinderfreundlich, bewegungsfreudig, anhänglich – aber auch stressanfällig.

Zu Besuch bei Emilia

Auf einer sehr schönen Homepage, *www.warndt-waldis.de* von Michael Kettern, habe ich eine schöne Rassebeschreibung gelesen, die ich in einem Auszug zitieren möchte:

„Der Dalmatiner ist ein mittelgroßer Hund mit athletischem Körperbau. In guter Kondition ist er eine sehr augenfällige Erscheinung – diese aktive Laufhunderasse stellt an seinen Besitzer große Anforderungen an Aktivität. Er ist ein starker, muskulöser und lebhafter Hund, deshalb gibt es bei seiner Haltung auch für Fettleibigkeit keine Entschuldigung.Überschwänglichkeit, Energie und Zuneigung … dies alles sind Begriffe, die auf den Dalmatiner zutreffen, eine Hunderasse mit ausgeprägter Lebensfreude. Der Dalmatiner genießt förmlich jede Art von Aktivität, er ist intelligent, extrem lernfähig und es ist sehr wichtig, ihn in den Tagesablauf der gesamten Familie mit einzubeziehen.
Ebenso wichtig ist für den Dalmi der Kontakt mit Artgenossen. Gemeinsame Spiele unter Hunden fördern seine Sozialisierung. Er ist jederzeit bereit zu einem kleinen Spiel, liebt Spaziergänge und ist ein ausdauernder Begleiter neben dem Fahrrad oder Pferd.“ (Zitat-Ende)

Nach dem allseits bekannten Kino- und Fernseh-Film „101 Dalmatiner“ kam es zu einer massenhaften Nachfrage und leider auch dazu, dass manche Ersthundfamilie keine Freude mit ihrem getupften Freund hatte, weil einfach die Bewegung und die Auslastung fehlte und ein aufmerksamer und kluger Hund, wie es der Dalmi ist, von Untätigkeit und zu viel Futter gestresst war und dann seine sture Seite zeigen konnte. So landeten leider nach der Spielzeit in den Kinos auch diese Hunde vermehrt im Tierheim.

Wenn Sie sich also in die Rasse Dalmatiner verliebt haben und ihn glücklich sehen wollen, dann denken Sie an seine Ursprünge: Er liebt das Laufen, das Rennen. Also joggen Sie mit ihm, wenn sie kein Freund von Hundesportvereinen sind. Oder fahren Sie Rad und nehmen ihn mit. Dali wird es Ihnen mit Ausgeglichenheit danken.

Dieses Bild zeigt Emila und mich beim „Stöckchen-Spiel" im Wald.

14.4. Der Sibirische Husky

Und nun zu meinem persönlichen Herzblut: dem Sibirischen Husky.

Ich habe einmal einen wunderbaren Spruch gelesen, dessen Verfasser ich leider nicht kenne, den ich aber dennoch zitieren möchte:

„Vom Bruder Wolf nahmen sie die Stimme,Gestalt und ein Fellkleid gegen die Eiseskältewie auch gegen die Sommerglut.
Dann fügten sie die freie Seele der Wildnis hinzu.
In seine Augen floss vom Eisberg das Blau,von den Steppen das Gelb und von der Erde das Braun.
Sein Lächeln malte der Delphin, die Sichel der Rute bog der Mond.
Das Pferd brachte die Zugkraft und Schelligkeit,die Raubkatze Mut, Eleganz und Eigenständigkeit.
Der Esel gab zähe Arbeitskraft und starken Eigensinn.
Und die trickreiche Klugkeit schenkte ihm der Kojote.
Zuletzt wurde sein Herz von den Goldstrahlen der Sonne erwärmt und eine tiefe, liebevolle Treue zum Menschen erweckt.
Diesen Vierbeiner trugen die Schneesturmgeister ins Land der Menschen und jene tauften ihn Schlittenhund.“ Ich weine, wenn ich diesen Spruch lese …

Ich weine um unsere Lotte, die ihre Reise zurück zum Mond so früh wieder antreten musste. Sie hat all dies mit so viel Kraft und Liebe verkörpert, wie es ein so großes Huskyherz nur vermag.

Wir hatten schon zwei Huskys : Mamid und Kim und dazu unser „Riesenschlachtschiff“ Sam (Bernhardiner-Dobermann-Mischling), als an uns die Frage gestellt wurde, ob wir noch zwei Sibirier aufnehmen könnten.„Das müssen die Hunde entscheiden“, habe ich geantwortet, weil ja sie es sind, die in unserem Hundehaus und Freilauf zusammen leben … Und dann kamen Lotte und Senta. Die Eine mit finsterer Miene aus so blauen Augen, wie ich sie nie zuvor gesehen habe. Und die Andere mit einem Kopf wie ein Malamut und Augen, als hätte Babajaga aus dem russischen Märchen Sterne hineingemalt.

Sie trafen auf Mamid und Kim und tanzten sofort ihren arteigenen derben „Katjuscha“, als hätten sie nie etwas Anderes getan …

Und von da ab waren sie ein Team. Senta brauchte eine Zeit, ihr Misstrauen gegenüber uns neuen Menschen abzulegen, denn sie war einer dieser Wanderpokale, die ich schon beschrieben habe; sie war schon viermal weitergereicht worden. So schrieb ich in ihren Impfausweis nicht unsere Adresse, sondern einfach „zu Hause“ – weil niemals hätten wir sie wieder abgegeben.

Unvergessen und für immer im Herzen bei uns: Lotte.

Bis heute weiß ich nicht, wie sie es geschafft haben, aber einmal noch haben die beiden Mädels beschlossen zu türmen – sie waren morgens, als ich zum Füttern kam, nicht mehr da.

Nach dem Schrecken und mehreren Fahrten durch unser und die anliegenden Dörfer beschloss ich, die Suche einzustellen, denn – so unser Gedanke: „Wenn die „Weiber“ nicht wissen, wie gut sie es bei uns haben, dann sollen sie eben wegbleiben.“ Natürlich waren das nur Worte, wir waren zutiefst beunruhigt, denn es ging ja nicht nur um die beiden – nicht auszudenken, wenn sie irgendwo einen Unfall verursachen oder Ähnliches.
Pünktlich abends um die Fütterungszeit – es war wie im Film eine neblige Stimmung – kamen sie zusammen angelaufen. Senta humpelte etwas, hatte sich am Fuß geschnitten. Sie hatten wohl erkannt, dass es doch nicht so übel bei uns ist und sie es mit uns probieren wollten. Nie wieder sind sie danach getürmt. Auch nicht im freien Lauf. Sie waren ein so wichtiger Teil unseres Huskyrudels: Lotte hielt den Laden zusammen, schlabberte alle „Jungs“ ab, genauso, wie sie sie maßregelte, wenn die Rüden zu übermütig wurden. Senta hatte immer gute Laune, tanzte wie ein Eisbär und liebte es zu spielen, zu baden oder auf dem Hochsitz im Freilauf über die Felder zu schauen und zu träumen. Senta ist Lotte nach einem knappen Jahr über die Regenbogenbrücke gefolgt und der Gedanke, dass die beiden Mädels jetzt irgendwie wieder zusammen sind, ist der einzige, der tröstet.

Danke, dass Sie auch diese sehr persönlichen Zeilen mit mir geteilt haben.

Nach „Snowdogs“ und „Antarktika gefangen im Eis“ ein auf dem Hundemarkt heiß begehrter Hund: der Sibirische Husky.
Und so dümpelt dieses unglaublich schöne, freundliche, sportliche Rudelwesen in vielen Stadthaushalten als Einzelhund herum. Es bricht mir das Herz, wenn ich Huskys in der Stadt an der Kreuzung mit Frauchen stehend und auf „grün“ warten sehe, Geschichten von Unerziehbarkeit, Ausreißertum und Zerstörungswahn hören muss. Allein über

diese Rasse würde es sich lohnen, ein Buch zu schreiben: Was ich in den letzten 11 Jahren an Sibirischem Stolz, Würde, Ehre und Treue, was ich an Sozialverhalten im Rudel und ihre liebevolle Art mir gegenüber mit ihnen erleben durfte und wie unglaublich diese tolle Urhund-Rasse agiert und wie aufmerksam und freundlich sie sind, solange man sie leben lässt als einen Hund, der sich gerne und viel bewegt und nicht in der Wohnung gehalten werden möchte.

Unser Husky-Rudel beim morgendlichen Sprint und Spiel auf unserem Hof

Sie gehören zu den Schlittenhunden und genauso gerne, wie sie im Gespann unterwegs sind, rennen, kaspern sie spielend über Felder und durch den Wald und sie sind erziehbar – wenn man sich aus ihrer Sicht als würdig erweist, ihnen Anweisungen zu geben. Und wenn ich sehe, wie mein Seelenhund Mamid stolz und würdevoll auf seinem Hochsitz im Freilauf unserer Hunde liegt und die Felder beobachtet und wie er sein Rudel meist spielend „regelt“, ohne jemals einen Konflikt hochschwelen zu lassen in eine körperliche Auseinandersetzung, dann könnte ich niederknien vor Respekt und Anerkennung für diesen wundervollen Rüden.

Mamid auf seinem Hochsitz im Freilauf unserer Huskys

Während ich diese Worte aufschreibe, reift in mir der Entschluss, zu gegebener Zeit ein Rasseportrait der anderen Art über diese Hunde in ein separates Buch zu bringen und vielleicht damit ein kleines bisschen zum Verständnis, zum Respekt und die Anforderungen an einen Husky-Halter beizutragen.
Wenn Sie sich einen nordischen Hund zulegen, sollten Sie sich im Klaren darüber sein, dass dieser kein Modehund, sondern eher eine Einstellungsfrage ist. Der Husky braucht ein Rudel für sein seelisches Gleichgewicht, er braucht außerordentlich viel Bewegung, Ruhe und Konsequenz, er will auch verspielt sein dürfen, mit Artgenossen kampeln und vor allem rennen. Und fragen Sie einen Husky, ob er „Tagesschau“ mit Ihnen auf der Couch gucken möchte oder lieber des Nachts auf seinem Hochsitz schlafen oder mit seinen Kumpels in einem Nest – Sie ahnen vielleicht, was er antworten würde.
Sollten Sie sich aber dennoch mit dem Gedanken tragen, sich einen nordischen Hund zuzulegen, denn zum Beispiel der Samojede hat einige ähnliche Eigenschaften, dann ist es auch als Wohnungshund mög-

lich – wenn Sie seine Leidenschaft fürs Rennen bei jedem Wetter teilen, wenn Sie es mögen, dass er zumindest im Freigang Kumpels hat, mit denen er agieren kann, wenn Sie entsprechende Fellpflege betreiben und kein Fan von überheizten Wohnungen sind.

Tala, Senta und Mamid im Sprint

15. Von sogenannten Angsthunden oder anderen Fehlinterpretation

Der Canide ist ein Lauftier – Punkt!Und die Evolution hat ihn nicht so geprägt, dass er erst den Wetterbericht anhört und ab 15 Grad nicht mehr läuft. Dann wäre er nämlich ausgestorben und so dumm plant die Schöpfung nicht. Gerade im Frühjahr und Sommer, wenn in der Natur die Aufzucht der Jungen erfolgt, legen die Hundeartigen viele Kilometer täglich zurück, um Nahrung zu erbeuten.

Der Komforthund oder Haushund muss dies natürlich nicht – aber er hat auch im Frühjahr und Sommer das Bedürfnis , sich zu verausgaben. Und der Mensch hat hier die Verantwortung, klug diesem Bedürfnis Genüge zu tun. Natürlich nicht in der Mittagshitze in der Sonne, das versteht sich von selbst. Aber es spricht überhaupt nichts dagegen, dass der Hund sich im Sommer in der Kühle des Waldes auspowert. Nur dann verarbeitet er die reichliche Nahrung, die wir Menschen ihm täglich anbieten, auch sinnvoll.

Der Hund hat sich die Mühe gemacht, Sie lesen zu lernen. Und er spricht schneller „Mensch“, als sie „Platz!“ sagen können. Und Sie? Haben Sie sich einmal über die Sprache Hund Gedanken gemacht? Verstehen Sie, was er für Bedürfnisse hat und gehen Sie drauf ein, auch wenn es manchmal unbequem ist?

Ich bitte Sie, beantworten Sie sich die Frage erst einmal für sich allein, seien Sie ehrlich zu sich und Sie werden merken: Wenn es für uns Menschen unbequem wird, interpretieren und biegen wir gern die Sache zu unseren Gunsten zurecht. Und das ist noch ein Punkt, an dem der Hund uns weit voraus ist. Er ist direkt und ehrlich.

Ehrlichkeit ist jedoch nicht des Menschen dominanteste Eigenschaft. Vor allem nicht die Ehrlichkeit zu sich selbst und die Selbsteinschätzung allgemein. Wie oft kommen Menschen zu mir in die Praxis mit dem Problem „Angsthund“, der an der Leine zieht und Artgenossen schon von Weitem verbellt. So die Hundehalter am Telefon zur Terminabsprache.

Was ich dann erlebe, ist sehr oft ein Vierbeiner, dessen Halter nicht in der Lage ist, dem Hund die Sicherheit zu vermitteln, Situationen souverän zu meistern: Hundebegegnungen zum Beispiel.

Da „Frauchen/Herrchen“ schon weiß, dass Kuno ziehen und bellen wird, wenn er den berühmten schwarzen Schäfi sieht, weil er mit genau diesem schon einmal schlechte Erfahrungen gemacht hat, wird mir Kuno als Angsthund verkauft. In Wahrheit – und selbst wenn die viel benutzte Schwarzer- Hund-Geschichte wirklich stimmt -liest Kuno Ihren Stress, nimmt die Sache aus seiner Sicht selbst in die Hand und klärt die Situation durch Abwehr und/oder dominantes Verhalten.

Erkläre ich in vielen Fällen dann den Hundehaltern, dass Körper-, Ohren- und Schwanzstellung überhaupt nicht einem sogenannten Angsthund entsprechen und Sie einfach an Ihrer Führung arbeiten sollten, ernte ich nicht selten große Augen und bislang auch Kapitulation. Denn das eigene Verhalten einmal zu reflektieren und zu ändern ist anstrengend und dazu sind sie eigentlich nicht zu mir gekommen :)!

Natürlich gibt es leider traumatisierte und ängstliche Hunde; nicht dass Sie denken, ich würde dies bestreiten. Aber sehr oft stellt sich ein völlig anderes Verhaltensmuster dar als das vom Hundehalter interpretierte. Und Unsicherheit, die meist durch unklare oder zu hektische Führung des Hundes entsteht, ist nicht zu verwechseln mit Angst.

Oder der pöbelnde Hund, der seinen Menschen permanent anspringt, in die Hand beißt, dem man kein Futter oder Spielzeug abnehmen kann. Der knurrend seinen Napf verteidigt und dem man – hat er sich einmal niedergelegt nicht zu nahe kommen darf. Natürlich muss man an dieser Stelle auch rassetypische Eigenschaften differenzieren – beispielsweise wird der als Wachhund gezüchtete Pinscher ein territoriales Verhalten mitbringen und gegebenenfalls seinen Ruheplatz verteidigen.

Deutscher Pinscher Anouk bei der Behandlung seiner Allergie in meiner Praxis

Aber anspringen ist pöbeln, egal, welche Rasse. Das hat nichts mit Freude oder Spieltrieb und erst recht nichts mit Angst zu tun. Und was Hänschen nicht lernt, lernt Hans nimmermehr.

Setzen Sie also Ihrem Welpen keine Grenzen, wird sich die Pubertät des Hundes vielerorts grauenvoll für Sie gestalten. Denn da wird er ohnehin alle Grenzen neu zu diskutieren versuchen.

Oft frage ich, ob es denn der erste Hund sei und erhalte die Antwort: „Nein, aber der Vorgänger war nicht so.“Und verlässt Herrchen oder Frauchen auch sehr oft mit den Worten an seinen Hund: „Ich gehe zuerst durch die Tür“ und drängt den Hund nach hinten, meine Praxis, schmunzele ich nicht weniger oft, wenn der Hund – kaum auf dem Fußweg, seinen Halter von dannen zieht :)

Die Tür scheint vielen Menschen sehr wichtig, jedoch andere durch den Hund sehr fein nuancierte Dominanz gegen seinen Halter, ich bezeichne es einmal eher als respektloses Verhalten, wird in vielen Fällen durch den Menschen einfach hingenommen oder ignoriert. Unwissen oder Ignoranz als Kapitulation vor einem unerwünschten Verhalten – beide Ursachen sind hier möglich.

Wenn Sie mich fragen, ist es vollkommen egal und ein viel benutzter Mythos, wer von Ihnen beiden zuerst durch die Tür geht. Wichtig ist, dass Sie die Situation kontrollieren und dem Hund nicht die Möglichkeit einräumen, beim Verlassen des Hauses über die Straße zu preschen und eventuell einen Unfall zu verursachen oder fremde Menschen zum Beispiel anzubellen.

Eine entspannte und konkrete Führung macht es dem Hund leichter, uns zu verstehen und meistens wird durch diese beiden Attribute ein für beide Seiten zufriedenes und glückliches Miteinander erreicht.

16. Der Ich-hab-schon-alles-probiert-Hundehalter

16.1. Typ 1

Er ist ein Mischtyp – also sowohl in der Stadt als auch auf dem Land lebend und man kann auch nicht klar die zugehörige Hunderasse benennen. Aber für mich als Therapeut ein sehr oft auftretender Mensch.

Da geht es einmal um die Gesundheit seines Vierbeiners. Als Beispiel führe ich einmal eine ständig wiederkehrende Gastritis, zu deutsch eine Entzündung der Magenschleimhaut, an. Eine übrigens beständig steigende Anzahl an Hunden unterschiedlichster Rassen zeigen Symptome dieser Erkrankung.

Wenn sich ein Hundehalter mit einem Fellchen mit diesen Symptomen bei mir zur Fallaufnahme einfindet, bekomme ich oft einen langen Leidensweg von Hundchen und Halter geschildert.
Natürlich – und das höre ich ständig und verstehe ich nur zu gut – sind Sie mit krank, wenn es Ihrem Hund nicht gut geht. Gehäuftes Strecken, Erbrechen, Nahrungsverweigerung, Schmatzen – besonders auch nachts – all dies sind äußere Anzeichen einer Gastritis beim Hund.

Nun können Sie fast nicht mehr schlafen, weil Ihr Ben die ganze Nacht schmatzt.
Startlinie des langen Leidensweges ist das Internet. Sie geben die Symptome ins Netz ein und fallen bald um, was Ihnen da alles offeriert wird. Da wird Ihnen schon angst. Also fragen Sie am nächsten Tag alle Ihnen bekannten Gassigänger und auch hier wird Ihnen eine Menge hoch fachliches Halbwissen offeriert. Sie entschließen sich, zum Tierarzt zu gehen. Er wird Ben erst einmal eine Spritze zur Beruhigung des Magens und Sensitive-Futter für Ben geben. Das wäre dann nach den ganzen Spekulationen durch o.g. Halbwissen-Fachkräfte der erste praktische Versuch, ihm zu helfen.

Macht ja auch Sinn. Eine Woche geht es Ben besser, dann beginnt der Spuk von Neuem.

Also wieder Tierarzt. Anderes Medikament und die Ankündigung einer Gastroskopie zur Abklärung der Symptomatik. Das erschreckt Sie – denn es wird kosten. Also gehen Sie zum nächsten Tierarzt, der am Ende die gleiche Therapie abarbeitet – Spritze, Tabletten und Sensitiv-Futter, denn er weiß ja nicht, dass Sie eine Woche vorher schon bei seinem Kollegen waren.

Es ändert sich aber nichts – Ben schmatzt und hat Bauchweh. Sie googeln eine Alternative und landen dann eventuell bei mir in der Tierheilpraxis.

Während der Anamnese höre ich dann sehr oft den Satz: „Ich habe alles schon probiert.

„Haben Sie leider nicht, denn nicht selten ist es der Fall, dass eine Erkrankung des Hundes eine gewisse Konsequenz des Tierhalters erfordert, damit Hund wieder genesen kann. Man sollte nicht „schwach" werden, wenn der tierische Liebling das verordnete Futter nicht gleich fressen möchte. Wenn Sie selbst schon zögernd herangehen, wird Ben mit Sicherheit die Zähne heben und Sie mit hilfesuchendem Blick auffordern, doch bitte etwas Anderes in den Napf zu füllen (gegebenenfalls das Futter vom sogenannten Fachhandel mit den vielen leckeren Lockstoffen, wie Getreide, Zucker usw.).

Da heißt es, wirklich einmal standhaft zu sein. Nimmt Ben das Futter morgens nicht, nehmen Sie es weg. Abends wird die Sache dann – wenn Sie nicht den ganzen Tag kleine Leckerlis verteilen – eventuell schon ganz anders aussehen.

Wobei ich bei dem Punkt bin, dass Mensch seinem Hund in vielen Fällen sowieso viel zu viele Leckerlis über den Tag verteilt gibt. Denken Sie nicht, ich würde den Wohlfühlfaktor nicht selber kennen, wie schön es ist, seinen Hund zu belohnen. Es macht Freude und wärmt nicht nur Ben`s Herz. Aber wenn Sie schon Leckerli geben, dann sprechen Sie bitte und besonders im Krankheitsfalle mit dem Tierarzt/Tierheilpraktiker darüber und stimmen Sie diese mit ihm ab. Wenigstens sollte er die gleiche Proteinquelle wie Hund`s Hauptfutter sein und keine Füllstoffe enthalten. Sonst ist nämlich Ihre ganze Mühe umsonst.

Ich frage mich auch nach so vielen Jahren immer noch, warum dies Mensch nicht versteht …

Nicht selten ist des Rätsels Lösung auch ganz einfach und lag an „falscher" Fütterungs-Routine:

Ich frage nach Ihrem Tagesrhythmus mit Ben und nach den Fütterungszeiten. Sie geben immer früh um halb acht und abends sofort nach dem Gassigang 18.00 Uhr. In solchen Fällen empfehle ich zum Beispiel, die Fütterung wesentlich später am Abend vorzunehmen oder aber eine kleine Menge der Abendfütterung aufzuheben und sie direkt vorm nächtlichen Schlafengehen zu geben, damit Ben´s Magen nicht „leerläuft" und zu viel Säure produziert. Das hilft in sehr vielen Fällen und das Magenleiden so mancher Patienten hat sich damit erledigt.

Leider gibt es jedoch zunehmend Hunde, deren Verdauungssystem ernsthaft und chronisch erkrankt. Dies betrifft nicht nur den Magen/Darmbereich, sondern auch die Bauchspeicheldrüse, Leber und Galle. Also: Wenn die Symptome anhalten und ich diese nach ausführlicher Anamnese und mit naturheilkundlichen Verfahren und Einstellung des Futters nicht zufriedenstellend behandeln kann, rege ich auf jeden Fall eine weiterführende tierärztliche Behandlung an.

Vielleicht sollten wir kollektiv einmal über den Widerspruch nachdenken, dass das Futter für die Hunde scheinbar qualitativ immer besser wird und dennoch die Anzahl der gastrointestinalen und allergischen Erkrankungen permanent steigt??

16.2. Typ 2

Aber oft sind die „Ichhabschonallesprobiert-Typen“ auch Hundehalter, die wegen sogenannten Verhaltensproblematiken zu mir kommen.

Kuno zieht an der Leine, Luna springt an – „pöbelt“ also permanent, Bella will erst gar nicht vor die Tür, wenn es regnet, Buddy verhält sich sehr massiv gegenüber Artgenossen, Maja kann nicht allein bleiben … die Palette ist so bunt wie das Leben.

Ich gehe später näher auf einige Verhaltensprobleme ein, möchte aber an der Stelle etwas Grundsätzliches dazu sagen:

Was die sogenannten Verhaltensprobleme betrifft, kommen fast ausschließlich Menschen mit ihrem Hund zu mir, die ihren Vierbeiner lieben und einen längeren Leidensweg hinter sich haben, auf dem sie wohl erfolglos probiert haben, ein gutes Mensch/Hund-Team zu werden. Ich freue mich über das Vertrauen und den Mut der Hundehalter, sich ihren Problemen zu stellen. Und ich versuche ihnen zu vermitteln, dass es ein „isoliertes“ Verhaltensproblem beim Hund nicht gibt. Meist ist die Grundursache für unerwünschtes hundliches Verhalten mangelnde Konsequenz, Verständigung und Auslastung seitens des Hundehalters. Dem sprichwörtlichen „anderen Ende der Leine“.

Und ist das mir dargestellte Problem zum Beispiel mangelnde Leinenführigkeit, muss ich ihnen leider mitteilen, dass ihr Hund lediglich auf das reagiert, was sie aussenden (dazu später mehr).

Sie teilen mir als Hundehalter fast ausschließlich mit, dass Sie in der Welpengruppe der Hundeschule waren, später mit dem Hundetrainer gearbeitet haben „der hat ihnen gar nicht gefallen“ und der zweite Hundetrainer auch nicht. Auch haben sie alle TV-Sendungen zum Thema geschaut und trotzdem funktioniert es nicht. Diverse Foren brachten ihnen zwar auch viele theoretische Hinweise, aber die Praxis sieht – wie immer – ganz anders aus. So! Nun haben sie „alles probiert“ und ihr Rebell auf vier Pfoten macht dennoch, was er will.

Sie haben leider eins vergessen zu probieren: sich selbst zu reflektieren. Was möchte ich von meinem Hund und was gebe ich ihm dafür? Wo liegen meine Stärken und vor allem, wo sind meine Schwächen? Was signalisiere ich? Und zum Anderen: Ihr Hund gehört natürlich einer oder mehreren Rassen an, wenn es ein Mischling ist. ABER: Er ist ein Individuum! Und es gibt, egal wie viele Sendungen sie schauen, Bücher lesen, in Foren debattieren und Hundetrainer bemühen, keine Pauschalanleitung für einen Vierbeiner namens Hund.

Sie haben nicht probiert – und diese Behauptung stelle ich ohne Skrupel auf – ihren Hund zu lesen und zu verstehen. Sie haben zum Beispiel nicht nachempfunden, wie es sich für ein Kraftpaket und Laufgiganten anfühlt, im Schleichschritt gelaufene Langeweile zu leben, obwohl er so dringend aufgestaute Energie abarbeiten muss. Dies wäre ein Beispiel für mangelndes Verständnis ihrerseits für Ihren Liebling.

Und wenn ich Ihnen dann mit oben Genanntem „komme“ und Ihnen versuche klar zu machen, dass der Hund vom ersten bis zum letzten Tag an auch Arbeit ist, dann fühle ich oft Ihr innerliches „so habe ich mir das nicht vorgestellt“. Vielleicht dachten Sie, ich gebe Ihnen ein Globuli und einen Rat, dann läuft der Laden. Aber so geht das nicht mit mir. Deshalb stehe ich den Menschen, die mich auf Grund ihrer Sorgen mit ihrem Hund aufsuchen, sehr offen, jedoch den „Ich-habe-alles-schon-probiert“-Hundehaltern mit einer sehr gesunden Skepsis gegenüber.

17. Die beiden Enden der Leine

Während ich über die sogenannte offene Schere bei den Charakteristiken von Hundehaltern schreibe, ziehen gedanklich viele Bilder aus nunmehr fast zwanzig Jahren Arbeit mit dem Hund und dem Hundehalter an mir vorbei.

Und ich möchte Ihnen sagen, die aus meiner Sicht sympathischsten sind mir jene, die einen natürlichen und gelassenen Umgang mit ihrem Hund pflegen. Menschen, die die sprichwörtliche Leine nicht nur als Material sehen,den Hund zwangsläufig an sie zu binden oder um Kontrolle auszuüben. Denn die „Leine von Herz zu Herz“ ist bei ihnen und ihrem Hund so ausgeprägt, dass sie eigentlich auch ohne auskommen könnten, gäbe es nicht beim täglichen Gang nach draußen vielerorts die Leinenpflicht. Ich spreche von Menschen, die nicht akribisch und fremdbestimmt der durch äußere Einflüsse, wie Medien, soziale Netzwerke und Hundetrainer – denn bei letzterem ist die Einfühlsamkeit gegenüber dem Hund als eine breite Skala von super bis ganz mies zu bezeichnen – vorgegebenen „Gebrauchsanleitung Hund“ folgen.

Und es sind nicht immer die erfahrenen, über viele Jahre mit Hunden lebenden Menschen, die sehr oft behaupten, den Hundeexperten schon sinnbildlich mit der Muttermilch aufgesogen zu haben, sondern auch viele junge Leute, die sich zum ersten Mal für ein Leben mit Hund entschieden haben. Ich erlebe viele glückliche und entspannte Hunde nebst ihren zugehörigen Menschen, die noch nie eine Hundeschule besucht, aber deren Hunde eine tiefe Bindung zu ihren Haltern haben. Nicht zuletzt bestimmt deshalb, weil diese Leute sich intensiv mit ihrem Individuum auf vier Pfoten beschäftigen, sich nicht über Kontrollwahn und eine gewisse Herrschsucht als das schon lange überholte Alphatier definieren, sondern echte Liebe zum Hund zeigen und ihm das Wichtigste geben: ganz viel Zeit, Herz und die Bereitschaft, von- und miteinander zu lernen und zu leben.

Auf der anderen Seite habe ich durch meine Arbeit und dem Leben mit den Hunden auch Menschen getroffen, die zwar ein unglaubliches Arsenal an Fachbegriffen inhaliert zu haben scheinen und damit zu jeder Gelegenheit um sich „schmeißen“,die bedeutungsschwangere Vorträge über ihre Fachkompetenz zu einer Hunderasse referieren oder vorgeben, die Hundeerziehung perfekt – jedenfalls besser als der Rest der Welt – zu beherrschen, wo ich aber bei genauerem Hinsehen feststellen muss, dass die- oder derjenige überhaupt kein Gefühl, kein Herz für Hunde hat, sondern nur leere, geballte theoretische Floskeln fließbandartig herunterspulen kann. Sehr oft ist die Auswahl der Hunderasse dieser Menschen natürlich und klischeehaft auf imposante Hundetypen gefallen (dafür können die Hunde ja nichts). Die Hunde eines solchen, stets auf seine Außenwirkung bedachten Typs scheinen zwar oft zu „funktionieren“, aber schaut man ein Stück tiefer, sieht man keine glücklichen Hundeaugen, erkennt man bei solchen Menschen über die Hunderasse, die sie sich anschaffen, welche Art Mensch sie gerne wären. Aber leider nicht sind. Weil ihre Hunde haben eine Sozialkompetenz, die sie selbst nicht aufweisen. Denn zu diesem Begriff gehört zum Beispiel Empathie.

Und so gibt es Menschen, die es durch ihre Haltung zum Hund schaffen, dieses hoch soziale Wesen mit ihrem unqualifizierten Kontrollgehabe, das am Ende dem Hund keinerlei Freiraum mehr lässt, so zu stressen, dass dieser ausbricht und sich auf seine Art zu wehren versucht. Oder aber wirklich aus unserer Sicht verhaltensauffällig wird. Burnout auf Hund. Ich sehe ein Fragezeichen in Ihren Augen? Aber drehen wir das doch bitte einmal um:
Der Mensch nimmt sich das Recht auf Ruhepausen, Urlaub. Massenhaft hört man von Überarbeitung, Reizüberflutung und durch seelische Überlastung gestiegenen Zahlen von Menschen, die an Stress-Syndromen oder Burnout leiden. Wie geht es manchen Hunden? Das Hundebett im Wohnzimmer, wo in manchen Haushalten der Fernseher oder der Computer von Spiele zockenden Menschen nie aus ist. Wobei gemeinhin bekannt ist, dass der Hund ca. 60 Prozent seines Tages ruht und schläft. Er diese Ruhepausen dringend für seine seelische und

körperliche Gesundheit benötigt. Und Sie denken, Ihre Lebensweise beeinflusst ihn nicht? Beim Gassigang Stress, weil sich viele Hunde auch da nicht abreagieren und ausarbeiten können. Sie haben nämlich vergessen, dass ein Hund ihre Zeit benötigt. Viel Zeit und Zuwendung. Aber ihr Alltag ist eher hektisch. Und sie meinen, das geht spurlos an der Hundeseele vorbei? Doch anstatt als Mensch einmal zu reflektieren, was den Hund zu seiner beispielsweise aggressiven Verhaltensweise bewegt, wird noch schärfer reglementiert, abgestraft und am Ende nicht für Entspannung, sondern für noch mehr Anspannung gesorgt. Null Selbstreflexion – solche Menschen.
Und an dieser Stelle gebe ich noch einmal das Zitat von P. Lachenmaier zu bedenken: „Behandle deinen Hund so, dass du im nächsten Leben ohne Probleme mit vertauschten Rollen klarkommst.“Aus meiner Sicht Pflichtlektüre für oben Genannte auf ihrem Egotrip.

Ich schätze mich glücklich, dass die meisten Hundehalter, die ich in meinem Arbeitsleben kennenlerne, eher der ersteren Sorte Mensch angehören. Die genau wie ich unter der viel bezifferten Bindung zwischen Mensch und Hund nicht sinnbildlich eine Kette sehen, die man dem Hund nach Belieben umlegt, um ihn an sich zu ketten und ihn zu behandeln wie eine lebende Marionette. Sondern nur eine ganz dünne Leine brauchen, um dem Hund Orientierung zu geben, weil sie sein Hundeherz durch klare, konsequente und liebevolle Führung schon lange erobert haben. Und ich bin im Sinne ihrer Hunde sehr dankbar dafür. Mein Dank gilt auch den Menschen, die ihrem Hund im Krankheitsfall Zeit lassen, nicht sofort die größtmögliche Dosis Chemie geben, damit der Hund sofort nach dem Tierarztbesuch wieder „funktioniert“. Sondern die auch einmal alternativen Heilmethoden eine Chance geben und dem Hund Ruhe und Geduld bei der Genesung angedeihen lassen. Gerne auch in Kombination mit der Schulmedizin. Denn auch die Heilung braucht manchmal eine lange Leine, wenn sie nachhaltig sein soll.

Das Leben mit einem Hund ist neben der Bereicherung und der Freude, die so ein Fellchen in unser Leben bringt, auch ein fortwährender

Lernprozess. Und was wir dabei über uns selbst lernen können, ist, dass keiner von uns perfekt ist, keiner von uns das Wesen seines Hund bis zur Schwanzspitze durchleuchten und verstehen kann. Man sagt, die Erziehung eines Hundes sollte am ersten Tag, an dem er bei uns einzieht, beginnen und endet an dem Tag, an dem wir ihn wieder gehen lassen müssen.
Und den Zwischenraum, also das gemeinsame Leben, gestalten wir Hundehalter so unterschiedlich, wie wir Menschen eben sind. Nicht zuletzt auf Grund unserer eigenen, menschlichen Neigungen ist es also wichtig, dass wir gründlich darüber nachdenken, was für eine Hunderasse in unser Leben einziehen soll. Damit wäre eine gute Basis für ein beidseits erfülltes und harmonisches Zusammensein gelegt.
Sind wir sehr aktive Menschen und wandern gern regelmäßig und ausgiebig durch die Natur? Sind wir sehr sportlich und möchten dieser Neigung auch gern mit einem Hund nachgehen? Oder sind wir eher der gemütliche Typ, der es lieber bei einer gemütlichen Runde durchs Dorf oder den Stadtpark belässt?

Und so ist die Form der Hundehaltung so vielseitig wie noch nie. Ein Gegensatz wäre beispielsweise, dass die Einen super aktiv mit ihren Hunden unterwegs sind, betreiben viele Menschen mit Hund verschiedene Dog-Sportarten; die Nächsten laufen zum Teil mit Handy in der Hand ihre Pflichtgassirunde mit ihren Fellnasen und meckern lautstark, wenn sich Pfiffi mangels Beschäftigung selbständig macht und an der Leine zieht – dabei haben sie „schon alles versucht“ und regelmäßig alle hundlichen Ratgeber im Fernsehen verfolgt, sind Follower diverser Gruppen auf Facebook und Insta.
Viele Hundehalter unterliegen einer gewissen Verunsicherung: Wie laste ich Kuno am besten aus? Was füttere ich?

Denn Deutschland ist voll von Experten und millionenfach wird das Thema Hund vermarktet, sei es mit DER Ernährung, DER Erziehung und natürlich dem Bereich Tiermedizin. Wobei mancher natürlich auch hier auf Chefarzt-Behandlung baut … Aber zurück zur Leine … zurück zum Hund.

Ich bin seit fast zwanzig Jahren im Bereich Hund beruflich unterwegs und lebe mit meinem Partner, einer Katze und einem Rudel Huskys zusammen. Kennen Sie den Spruch von dem Schuster, der selbst die schlechtesten Leisten hat? Oder den von der Betriebsblindheit? :) Und so sehr, wie ich mich in meinem Berufsleben bemühe, korrekt mit meinen tierischen Patienten und deren Haltern zu arbeiten, habe ich anfangs die Erziehung meiner eigenen Fellchen in Sachen Leine so ein bisschen schleifen lassen.

Und da der Husky wie alle Hunde bekanntlich eine eigene Meinung und meine Nachlässigkeit sofort durchschaut hat, hängte Mamid sich und seine aufgestaute Energie in „die Seile“ und zog mich – nach Huskymanier – durch die Straßen in unserem Dorf. Wie alle berufstätigen Hundehalter hatte ich einen Arbeitstag vor oder hinter mir und war mit den Gedanken nicht immer bei der Sache – beim Hund. Als dann selbst Sam, der, wie eingangs im Buch beschrieben eine gute Leinenführigkeit aufwies, anfing, sich ein Beispiel an Mamid zu nehmen, schaltete ich meinen Kopf endlich wieder ein.
Danke, mein großer Freund !:)

Kennen Sie so ein ungehaltenes „Nun zieh doch nicht so!“, wenn Sie feststellen, dass Sie während der Hunderunde in Gedanken sind und Ihr Hund Sie durch sein Ziehen stört? Ja – wir sind alle Menschen und die Gedanken kreisen manchmal und schweifen ab und wir vergessen, warum wir eigentlich mit Kuno draußen sind. Und dann sind wir genervt und klar: Hund riecht und spürt das sofort und handelt dementsprechend.

Ich hatte wohl irgendwie vergessen, wie ich mit unserem „Schlachtschiff“ Sam (so haben wir ihn wegen seiner Größe und seiner fast gleitenden Art zu laufen oft liebevoll genannt) schon einmal dieselbe Prozedur durchlebt habe. Und nachdem wir intensiv unsere Meinungen „aneinander gerieben haben“ und er eingesehen hat, dass ich ein entspanntes Miteinander und so auch eine entspannte Hunderunde mit ihm erleben wollte, war es einfach schön, mit Sam draußen zu sein.

Also legte ich ein Break ein. Mamid traf keine Schuld – denn ich bin gedanklich nicht bei ihm gewesen. Und ich bin der Meinung, die viel benutzte Redewendung, dass das Fehlverhalten meist am oberen Ende der Leine hängt, ist ein guter Anfang für die Selbstreflexion und Änderung eigener Handlungsfehler. Also sollten wir diese Redewendung nicht nur zitieren, sondern auch verinnerlichen.
In einem anderen Zusammenhang habe ich schon geschrieben, dass die Arbeit mit dem Hund, solange er bei uns ist, nie aufhört.
Aber Gleiches trifft auf uns Hundehalter zu. Wir sollten nie aufhören, an uns selbst, an unserer Konsequenz und Klarheit im Gespräch mit unserem Hund zu arbeiten. Denn sonst senden wir falsche Signale und fragen uns am Ende, warum er zum Beispiel an der Leine zieht.

Wie agieren Hunde und warum zerrt dieser kleine „Bastard“ wie ein Wilder vorneweg?
Da ich mit Pauschallösungen nicht so viel anfangen kann, habe ich überlegt, wie ich Mamid etwas „runterfahren“ kann, damit sich die Situation entspannt.
In seinem Fall war es zum Beispiel eine gute Lösung, ihn erst einmal im Grundstück rennen und etwas Energie abarbeiten zu lassen und ihn dann an die Leine zu nehmen.
Tatsächlich war Mamid dann aufnahmefähiger für die Dinge, die ich von ihm wollte. Mittlerweile ist bei uns die Leine „kein Thema“ mehr und wenn wir „Fuß“ sagen, verschwinden alle Nasen hinter uns. Für unser Zusammenleben sehr entspannend.

Ein überlegenswerter Punkt ist: Laste ich meinen Hund genügend aus? Und glauben Sie bitte nicht, dass der Hund mit zwei Gassirunden am Tag seine aufgestaute Energie abbaut.
Der zweite Punkt: Wie wirke ich auf den Hund und warum sollte er mir vertrauen und sich meiner Führung überlassen?
Es gibt da leider durch Medien und einige Hundeschulen und Trainer Methoden, da stellen sich mir die Nackenhaare auf:

- das an der Leine Rucken. Was soll dies dem Hund vermitteln, außer dass er, wenn Sie dies regelmäßig betreiben, irgendwann

große Probleme mit seiner Halswirbelsäule bekommt. Noch lächerlicher ist dieses Spiel mit den Leckerlis. Hundehalter soll also beispielsweise durch ein Stück Käse, welches er beim Laufen in der Hand hält, Kuno zu ihm hoch blicken lassen (auch große Freude für die Anatomie des Hundes) und so seine Aufmerksamkeit auf seinen Menschen richten?
Tut mir leid, mit der „Bestechung" durch Leckerli kann ich nichts anfangen.

- Stehen bleiben, Richtung wechseln, wieder stehen bleiben, wenn er an der Leine zerrt? Was, bitteschön, soll das dem Vierbeiner vermitteln? Dass Sie nicht der Lage sind, geradeaus zu laufen? Dass Sie unschlüssig sind, wohin die Reise oder der Gassigang hingehen soll? Außer, dass die ganze Straße über Sie lacht, Ihr Adrenalinspiegel steigt – was Ihr Hund natürlich riecht und noch unsicherer wird, ist damit auch nichts bewirkt.

Meiner Meinung nach ist der Gang nach draußen Qualititime für den Hund. Er soll schlendern dürfen und rennen dürfen. Er soll Gerüche aufnehmen dürfen, sich natürlich lösen … und sich bewegen …

Aber er sollte auch, bei entsprechenden Hindernissen, wie Straßenüberquerungen, entgegenkommende Hunde (die evtl. auch in der Leine hängen wie Rambo), auf Ihr Kommando hören. Dieses Kommando sollte also Sinn für ihn machen, dann vertraut er Ihnen und dann wird die oftmals betitelte Bindung in diesem Bereich zwischen ihnen beiden erreicht.

Natürlich ist die Kommunikation der Hunde untereinander und auch mit uns unglaublich nuanciert. Ich bilde mir im Traum nicht ein, die Interaktion, die Körper- und Lautsprache des Hundes immer richtig zu verstehen und zu deuten. Sie ist so komplex und feingliedrig. Die Kommunikation des Hundes ist eine perfekte Symbiose aus Körpersprache, Gerüchen und Lautgebungen. Unser Auge ist viel zu langsam, um alle körpersprachlichen Aspekte des Hundes während einer Interaktion mit einem anderen Hund oder uns Menschen aufzunehmen und

mittels unseres Gehirns zu verarbeiten. Zum Beispiel wissen wir alle, dass sich Kuno freut, wenn er mit dem Schwanz wedelt. Es kann aber auch ein Zeichen von Aufregung sein oder von Alarmbereitschaft. Hinzu kommt, so belegen wissenschaftliche Studien, dass auch noch die Richtung, in welche Kunos Schwanz wedelt, von Bedeutung sei in Sachen positive oder negative Emotion. Ganz ehrlich: Können Sie das bei Ihrem Hund genau erkennen? Nein – weil unsere Sinne zu langsam sind, keiner von uns hundertprozentig Hund lesen und sprechen kann. Aber machen wir uns die Mühe, überhaupt etwas Hundesprache zu lernen, und dies durch die Beobachtung unseres eigenen Hundes, oder ahmen wir nur nach, was wir durch den Hundetrainer, die Medien, Literatur usw. aufgeschnappt haben?
Ein kleines Beispiel ist aus meiner Sicht das Lernen über Räume; in mancher fachlicher Literatur Raumverwaltung genannt, was ja auch in der Leinenführung eine Rolle spielt.
Ich habe am Beispiel unserer eigenen Hunde erleben dürfen, dass der Husky – wie alle Hunde – natürlich draußen „auf Arbeit ist“: alle Sinne offen. Der Eine auf olfaktorischer Reise auch sehr schnell eine interessante Spur aufnehmend, der Nächste ist einfach an Ausarbeitung in Form von Bewegung interessiert – für einen Hund eröffnet sich eine Fülle von Möglichkeiten, wenn er „endlich“ draußen ist. Naturgemäß muss er für sein inneres Gleichgewicht in jedem Fall erst einmal viel Energie abarbeiten.

Nun gibt es aber eine Menge Situationen, wo man den Bewegungs- und auch Aktionsdrang des Hundes etwas eingrenzen muss. Um beispielsweise zu vermeiden, dass er unkontrolliert über die Straße prescht, entgegenkommende Menschen mit Hund „begrüßt“ usw. Nicht zuletzt dafür ist die Leine unser Hilfsmittel und die Verbindung zum Hund. An dieser Stelle sagen wir zum Beispiel „Fuß“ und unsere Hunde haben gelernt, zur Ausführung dieses Kommandos hinter uns zu laufen. Unsere Huskys fühlen sich in diesen Situationen entlastet, überlassen quasi uns das Abchecken des Gegenübers oder der jeweiligen Situation und gehen so sehr entspannt damit um. Dies ist ein aus unserer Sicht sinnvoller Aspekt einer Raumverwaltung.

Aber generell eine räumliche Zuweisung vorzunehmen und dabei zu denken, man ist dadurch das menschliche Alphatier, führt beim Sinnexperten Hund eher zu Unverständnis und auch zu Unsicherheit. Denn Hunde untereinander agieren viel komplexer.

Relativ sinnfrei erachte ich dagegen das oft praktizierte „ich gehe zuerst aus der Tür“. Vor allem, wenn dieses Kommando oft sehr unsauber ausgeführt wird, weil Kuno sich so halb an Ihnen vorbei quetscht und ansonsten auch nicht durch Sie als Menschen an einer guten und konsequenten Führung gearbeitet wird. Wenn die Tür für Sie also wichtig ist, dann sollten Sie mit Ihrem Vierbeiner dahingehend arbeiten, dass er ein konkretes Kommando erlernt zu warten, bis Sie die Schwelle passiert haben.
Und wenn wir schon mit diesen Mitteln mit dem Vierbeiner arbeiten wollen, sollten wir uns auch die Mühe machen uns komplex damit zu befassen. Wenn Sie dieses Thema interessiert, gibt es eine Menge guter Literatur dazu.

Die Auswahl an Hundeleinen auf dem Markt ist enorm geworden. Leinen in allen Farben, Längen, unterschiedlichen Materialien, Flexileinen, Schleppleinen – alles ist wählbar.
Ich persönlich bin kein Fan der sogenannten Flexileine. Sie ist für den Hundehalter zwar angenehm zu handhaben und gibt dem Hund durch ihre Länge einen größeren Spielraum. Ich beobachte auf den Straßen in der Stadt jedoch meist Flexileine auf Zug. Heißt, Hund hängt sich in die „Seile“ und zieht seinen Menschen hinter sich her. Ein nicht gerade entspanntes Bild.

Neuerdings gibt es auch die sogenannte Hands Free Hundeleine. Neudeutsch eine Möglichkeit, die Hände beim Gassigang frei zu haben, indem die Leine um den Körper gelegt wird.
Ich finde diese Leine sehr gut, weil diese sehr praktisch ist, zum Beispiel, wenn man Hundesport betreibt, also etwa mit dem Hund joggen geht.

Die Werbung für die Hands Free Leine auf einer großen Verkaufsplattform spricht aber keinesfalls die Sprache des Entwicklers, der mit Sicherheit an aktive Menschen gedacht hat.

Dort wird nämlich das Produkt in der Form beworben, dass Mensch jetzt beide Hände frei hat, um sein Handy zu checken und Klein Hund sitzt mit nicht gerade begeistertem Gesichtsausdruck hinter ihm. Eine solche Art der Werbung halte ich für absolut unpassend – aber sie wird vielen der in meinem Büchlein schon beschriebenen Hundehaltern, denen der Hund zum Gassigang eher egal ist – ganz neue Möglichkeiten eröffnen.

Wie in fast jedem Kapitel meines Buches möchte ich betonen, dass ich allein schon durch meine Arbeit sehr viele Menschen kenne, die sich wirklich Mühe geben und ihrem Hund ein liebevolles Zuhause bieten und ihn gut auslasten. Viele Kunden von mir verstehen den Hund neben ihrer Liebe zu ihm auch als eine Bereicherung ihres eigenen Lebens und als wunderbaren Anreiz für sie, aktiv zu werden und zu sein.

Und ich denke, so unterschiedlich, wie die Menschen sind, wählen sie am Ende auch die Leine, mit der sie versuchen, ihren Hund zu handeln.

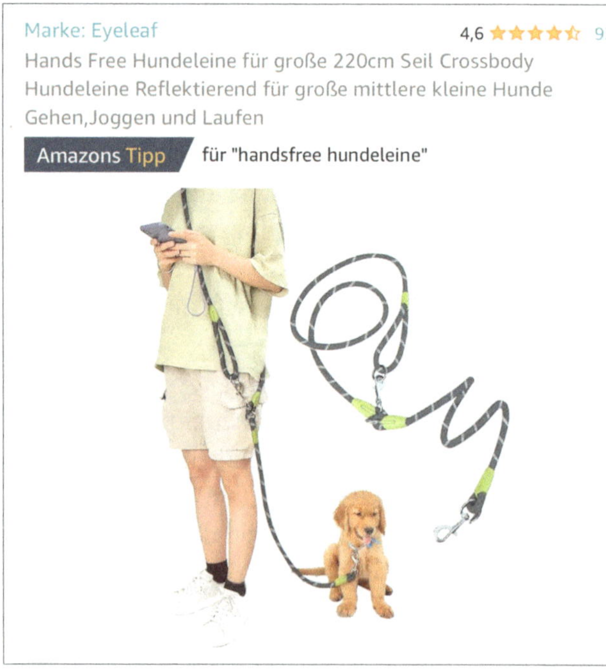

Bildquelle: Amazon

Unsere Huskys: Mamid, Kim, Lotte, Senta, Tala, Avani, Pinu und ich :)

Mamid und ich beim gelegentlichen Leinentraining

18. Der moderne Hundehalter

Vorweg: Ich erlebe in meiner Praxis wunderbare Menschen, die Hunden unterschiedlichster Rassen ein Zuhause, artgerechtes Futter, gute Auslastung und viel Liebe geben. Diesen Menschen zolle ich sehr viel Respekt. Da mein Büchlein sich jedoch als ein Anstoß zum Nachdenken an die Menschen allgemein richten soll, wendet sich dieses Kapitel an jene Menschen, die es aus meiner Sicht oft zu Ungunsten ihres Hundes übertreiben.

Der moderne Hundehalter … bezeichnet sich oft als sogenannten Hundemensch. Was ist ein Hundemensch? Was reflektiert mancher Hundehalter aus diesem Begriff?
Die angeborene Qualifikation, einem Wesen namens Hund der optimale Halter zu sein?Früher meinte man, „der Halter sieht immer ein bisschen aus wie sein Hund".
Muss ich zu Gunsten der meisten Fellnasen verneinen. Mancher Hundemensch schwebt bei seiner eigenen Heiligsprechung ganz schön weit über dem Boden und etwas Demut stünde ihm ganz gut.
Wie ich in einem anderen Kapitel schon erwähnte, sucht sich mancher Mensch oft den Welpen danach aus, wie er sich gerne selbst sieht und darstellt.
Dann kauft er sich einen Welpen, natürlich gut vorbereitet durch gründliches Studieren über die jeweilige Rasse im Netz (was ja insofern kein Nachteil ist, dass man dann voraussetzen kann, dass Mensch über die rassebedingten Ansprüche des Hundes Grundwissen erworben hat).
Natürlich hat Mensch schon alle Zoohandel der Umgebung nach bestem Equipment abgegrast und am Ende doch im Internet gekauft, weil Bettchen, Spielzeug, Näpfe – natürlich erhöht, weil Hund nicht mehr wie alle anderen Hundeartigen seine „Beute" vom Boden aufnehmen kann (?), Leinen, Halsbänder, vielleicht auch das erste Mäntelchen, im World Wide Web doch günstiger war. Und das Futter – ein unergründlicher Dschungel – Nassfutter? Trockenfutter? Oder doch Barf? Ach, darüber machen wir uns später Gedanken, weil meist gibt der Züchter

ja ein Futter mit und der wird es ja wissen. Sie haben die Ankunft und das Vorgehen mit ihrem zukünftigen kleinen Mitbewohner genau geplant, alle einschlägigen Sendungen im Fernsehen gesehen. Und wenn bei Rütter wiedermal jugendliche Rambos mit ihren Besitzern Bimbam spielen, – höre ich den O-Ton: „Bei uns wird es das nicht geben, wir lassen uns doch nicht von so einem Zwerg auf der Nase rumtanzen. Gibt auch nix vom Tisch und auf die Couch lassen wir ihn schon mal gar nicht.
„Ausatmen … Checkliste abgearbeitet.
Es kann losgehen.

Schon auf der ersten Heimfahrt trübt sich die Freude merklich, denn Klein Kuno erbricht auf Mamas Schoß oder noch schlimmer, auf die Autositze des geliebten und gepflegten Familienautos und dazu kommt, dass das kleine Ding ununterbrochen weint und sich eben nicht darüber freut, sich von Fellmama und Wurfgeschwistern zu trennen.
Dann soll er sich bitte auf der Wiese vorm Haus noch schnell lösen und wenn er das vor lauter Aufregung und Angst vor dem Unbekannten auch tut, quietscht die ganze Familie in höchsten Tönen „feiiiiiiin“.
Haben sie sich einmal überlegt, was Hunde-Welpen mit fiependen oder quietschenden Lauten assoziieren?
Einmal nutzt der Hundewelpe diese Laute zur Beschwichtigung. Und beschwichtigen will Klein Kuno dann, wenn ihm etwas unangenehm ist. Oder er fiept, wenn er aufgeregt ist, Schmerzen hat, überfordert ist usw. Das sind alles Situationen, die nicht gerade positive Emotionen beschreiben, oder? Also, wenn sie in hoher bis teilweise schriller und übertriebener Form quietschen, ist dies für Kuno kein Lob, sondern eher abschreckend, unangenehm oder in der jeweiligen Situation gar nicht verständlich. Eventuell ist ihm dann das Pullern im Haus lieber. Denn da bekommt er keine menschlichen Quiek-Laute zu hören. Also wird es mit der Stubenreinheit eventuell dauern.
Genauso unangenehm fürs Hundeohr (und nicht nur für die hundlichen Ohren) sind die oft auf Hundwiesen zu hörenden „Hiiiiiiiiier-Rufe“. Ich habe unter o.g. Aspekt für jeden Hund Verständnis, der auf diesen Ruf eher nachlässig bis gar nicht reagiert. Manchmal kommt er dann

doch, weil Mama ein Leckerchen gibt. Es macht im Sinne der gegenseitigen Verständigung schon Sinn, sich einmal in den Hund hineinzuversetzen.

Dann geht es ins neue Revier und die Menschen haben sich auch dies ganz anders vorgestellt. Nein – er freut sich in den meisten Fällen nicht über sein neues Luxusleben. Er hat Angst und verkriecht sich oft ‚Schutz suchend, sofort in eine Ecke. Ja, was haben Sie denn bitte erwartet?
Wenn die kleine Maus Glück hat, durfte sie wenigstens 12 Wochen bei Mama bleiben. Haben sie bei aller Internet-Recherche im Vorfeld eventuell einmal über die Phasen der Entwicklung von Hundewelpen gelesen? Nein? Er hat gerade seine Prägungsphase und Sozialisierungsphase hinter sich gelassen und befindet sich in der Rangordnungsphase (auch als Rudelordnungsphase bezeichnet). Und mit dem abrupten Verlassen seines häuslichen Nestes und seiner Fellfamilie hat er gerade sein erstes Drama erlebt. Und muss sich im zarten Alter von ein paar Wochen vollständig neu orientieren.

Greifen wir das Beispiel von oben noch einmal auf: „Warum quieken diese komischen Wesen auf zwei Beinen eigentlich ständig, wenn ich pullere oder mein großes Geschäft verrichte? Was mache ich denn falsch?“ Seine Fellfamilie hat eine andere Wahrnehmung vom „Quieken“.

Beobachten sie zum Beispiel gut sozialisierte Welpen beim Spiel und einer rauft zu heftig, gibt es zwei Möglichkeiten: Mama greift ein und sagt dem kleinen Rowdy „Bescheid“, worauf sich dieser seiner Mama unterwirft und dabei quiekt, oder das verständigere Geschwisterhündchen hat gelernt, beim Kampeln und spielerischen Beißen loszulassen, sobald der Bruder oder die Schwester fiept oder eben qiekt – nennen sie es, wie sie wollen.
Beides ist ja für den Kleinen (Unterlegenen) keine gerade angenehme Situation. Also warum bitte quieken diese Menschen, wenn „ich“ spiele oder mein Häufchen setze?Natürlich sollen wir unsere Stimme

beim Belohnen von erwünschtem Verhalten etwas anheben und auch körperlich Freude anzeigen. Aber dieses ständige „feiiiiiin“ ist für den kleinen Hund sowie auch für andere Menschen etwas befremdlich. Kommen wir zur Faustregel: nach jedem Schlafen und Spielen raus gehen zum Pullern. Also so anstrengend haben sie sich das nicht vorgestellt. Natürlich haben sie sich ein paar Tage frei genommen, um dem Kleinen seine Eingewöhnung zu erleichtern. Aber auch nachts?? Ein paar Tage/Nächte und viele Pfützen und Häufchen im Haus später erwecken viele Neu-Hundemenschen einen etwas angespannten und ernüchterten Eindruck. Denn Kuno hat Gefallen an der häuslichen Einrichtung gefunden und findet Schuhe zum Ankauen viel spannender als die ollen Gummiknochen. Auch Sofaecken und Tischbeine sind begehrtes Kauobjekt, denn Hundekind bereitet sich gerade auf seinen Zahnwechsel vor und lebt dieses an allem Kaubaren aus. Hundemama, -papa und auch die Kinder sagen zwar unentwegt „neiiin“ und „das darfst du doch nicht!“, aber Kuno macht, was er will und es hat den Anschein, als gehen die fortlaufenden Ermahnungen zu dem einen Schlappohr hinein und zum anderen Ohr wieder heraus. Tun sie auch! Das hat mehrere Gründe. Zum Einen ermahnen und ermahnen sie und es folgt keinerlei Konsequenz, wenn Kuno nicht darauf hört. Keine Hundemama würde sich solch ungehobeltes Verhalten bieten lassen – sie würde sich die Sache einmal angucken und ermahnen, beim zweiten Mal gäbe es eine ernsthafte Maßregelung und zwar so eindrücklich, dass sich der kleine Wurm das für die Zukunft merkt. Wieder ein Beispiel, wo sich junge Eltern direkt eine Scheibe abschneiden könnten … aber das ist eine andere Geschichte.
Der zweite Gedanke hierzu ist: Kuno macht aus ihrer Sicht Blödsinn. Ein Grund ist einfach das unbeschwerte Welpendasein und die Wahrnehmung der gesamten Eindrücke einer großen, weiten Welt. Hinzu kommt – unterbrochen durch „Ich-falle-um-und-schlafe-Phasen“ eine sehr aktive Zeit, denn die kleine Nase hat Unmengen an Energie. Wenn sie also Dinge verbieten und danach wieder aufs Handy-Display schauen, werden sie nicht viel erwirken, außer ein endloses Tauziehen. Bieten sie Alternativen an, ein kurzes Spiel, ein Kauspielzeug etc. und spielen sie mit. Sie haben doch schon von Bindung gehört? Oder sagen

sie ihm einmal! und dies bitte klar und deutlich, dass sie derzeit ihre Ruhe wollen. Dann wird sich Kuno befleißigen und sich etwas anderes zur Beschäftigung suchen oder einfach in ihrer Nähe umfallen und schlafen. Und das tut ihm gut.

Weltklasse und ein sehr guter Lehrer für unsere Welpen, aber auch für meinen Partner und mich war hier unser Rüde Sam. Er hatte eine Mammut-Geduld mit unserem kleinen Husky Mamid.
Der kleine Gernegroß konnte an seinen Ohren ziehen, auf ihn drauf steigen, Sam ewig nerven: Der große Hundemann hatte eine Affengeduld. Aber wenn er nicht mehr wollte, „sagte" er es einmal, indem er der kleinen „Wurst" mit seinem monstergroßen Kopf einen eindrücklichen Schubs versetzte. Dann flog der kleine Mamid einen Meter (und nein, Sam hat ihn nicht verletzt) und der kleine Zwerg nahm sich sofort ein anderes Spielzeug vor. Wie viel Gutes und effektive Erziehung eines Welpen kann man von einem hundlichen Papa und einer Hundemutter lernen – fabelhaft – und es funktioniert. Dies meine ich, wenn ich meinen Kunden sage: Kein Hundebuch und keine Sendung in den Medien kann Ihnen so viel geben, als wenn Sie sich Hundeverhalten anschauen und vom Hund selbst lernen.

Dann kommt Tag x und mit ihm das erste Worstcase-Szenario. Papa war mit Kuno draußen und hat während des Gassigangs bloß „kurz" die Facebook-News gecheckt.
Nun erbricht der kleine Zwerg mehrfach und liegt lustlos und kraftlos in seiner Ecke.
Was tun? Der moderne Hundehalter fragt erst mal den Google-Therapeuten. Geht ja am schnellsten. Gibt das Schlagwort „Erbrechen beim Hund" ein und setzt sich – blass geworden – auf das Sofa: Gift gefressen? Anderen Müll gefressen? Darmverschluss??? Parvovirose? Giardien?? – aber nein, Papa hat sich ja nur „kurz" auf Facebook auf den neuesten Stand gebracht und nicht gesehen, ob Kuno überhaupt gehäufelt hat … Mit jedem Schlagwort wird Papa mulmiger, denn Herr Google wirft ihm massenhaft davon ins Gesicht und sein aufkeimendes, schlechtes Gewissen. O.K. – er versucht es erst einmal in den

WhatsApp und sonstigen Hundegruppen, wo er sich natürlich umgehend nach dem Hundekauf angemeldet hat.

Durch die vielfältigen hoch fachkundigen Ratschläge der Gruppenmitglieder noch verwirrter, sucht er im Handy, sich die Haare raufend, nach einem Tiertherapeuten, der – denn über seine Recherche ist es spät geworden – überhaupt noch geöffnet hat. Wahrscheinlich wird er dem Therapeuten bzw. Tierarzt nicht die Wahrheit erzählen darüber, dass er nicht beobachtet hat, was sein Vierbeiner draußen getrieben hat. Am Ende wird in diesem Fall herauskommen, dass der Kleine durch die Futterumstellung – denn die Familie barft jetzt, wie er mit stolzgeschwellter Brust dem Tierarzt/Therapeuten erzählt –, die wohl zu schnell und abrupt durchgeführt wurde, es möglicherweise zu den Symptomen gekommen ist. Zu Hause erzählt Papa mit stolzgeschwellter Brust und natürlich schon fast per du mit dem Tierarzt von seiner Version der Geschichte. Und teilt natürlich auch allen Online-Freunden seine tollen Erfahrungen mit, denn er hat sich ja gleich gedacht, dass es an ihm nicht liegen kann.

Sam und Mamid beim Ruhen

Sie mussten vielleicht schmunzeln?
Das erste Mal ging es mir in meiner Praxis vielleicht ebenso. Aber Sie glauben nicht, wie sehr Tierärzte und Tierheilpraktiker der Satz der Tierhalter nervt: „Ich habe schon mal im Internet gelesen …“
Ich stelle manchmal den Kunden die Frage, ob sie bei einem Problem mit ihrem Auto auch Herrn Google fragen oder lieber in die Autowerkstatt gehen?
Mitunter setzt dann auch ein Denkprozess ein und man erkennt vielleicht, dass manchmal Zeit, die man nicht mit sinnfreien Recherchen im Internet verschwendet, das Leben des Tieres retten oder zumindest sein Befinden wesentlich schneller bessern kann.

Sonntags morgens tagt der Familienrat: Kuno muss!! in die Hundeschule. Welpentreff … schließlich muss er sozialisiert werden.
In der Online-Gruppe wurde eine Hundeschule vorgeschlagen. Los geht's – Familie Müller ist bereit für neue Abenteuer mit Kuno.
Auf geht es ins Auto – Kuno findet Autofahren immer noch nicht so toll, aber es ist ja nicht lange. Am Hundeplatz angekommen, steigt Familie Müller in froher Erwartung aus und begibt sich auf die eingezäunte Wiese.
Kurzes Vorstellen bei der Hundetrainerin, dann sagt diese: „Leinen sie Kuno ab, die Hunde klären das unter sich.“
Voller Vertrauen klicken sie die Leine aus und Klein Kuno macht ein paar Schritte in die Richtung der sich schon auf dem Platz befindlichen Hunde, die offenbar schon öfter in der Sozialisierungsstunde waren.
Da sprintet die kleine Rasselbande auf ihren Kuno zu und überrennt ihn förmlich. Bevor sich Kuno versieht, hat ihn der mutigste der „Meute“ in die Ohren gezwackt um zu zeigen, dass er hier der Platzhirsch ist. Kuno quiekt total überfordert auf und ihnen werden die Knie weich. Was machen sie? Blicken entgeistert zur Hundetrainerin, die nur müde abwinkt und sagt: „Das muss er lernen, ist ja nichts passiert.“Doch! Es ist etwas passiert.

1. Sie haben Kuno nicht beschützt (heißt zum Beispiel: Kuno hinter sich gebracht und die Meute an ihnen selbst abprallen lassen und ihn

so gelehrt, dass er sich im Ernstfall – und das war für Kuno ein solcher, nicht auf sie verlassen kann.

2. Er wird ihnen für lange Zeit – je nachdem, wie sein Charakter ausgeprägt ist – nicht mehr vertrauen und seine Angelegenheiten selbst regeln. Das heißt unter anderem, dass er fremden Hunden gegenüber misstrauisch sein wird, eventuell an der Leine ziehen und vorpreschen wird, wenn sich andere Hunde nähern, ggf. verstärkt bellen, um gleich im Vorfeld mitzuteilen, dass er keinen Kontakt wünscht – denn er hat ja gelernt, dass Artgenossen unangenehm sind und sie ihm keine Hilfe bzw. Schutz bieten.
Natürlich wissen sie das alles nicht – sie sind ja auch kein Sachkundiger, aber die Trainerin hätte es wissen müssen. Doch leider sind sich viele Hundetrainer ihrer Inkompetenz nicht einmal bewusst. Und sie sind leider an die Falsche geraten.

Dennoch besuchen sie mit Kuno wöchentlich weiter diese Hundeschule. Es macht ihnen Freude, mit anderen Hundehaltern in den Austausch zu gehen und Kuno hat auf dem Platz die Möglichkeit, mit Artgenossen zu interagieren.

Die Zeit vergeht schnell und aus Kuno ist ein Pupertier geworden. Sie raufen sich die Haare, denn sehr viel, was sie dem Zwerg mühevoll versucht haben beizubringen, scheint sich irgendwie ins Nichts aufgelöst zu haben. Er diskutiert jede Regel neu, verhält sich draußen an der Leine wie ein sich wild gebärdender Affe und ist auch im Haus ein kleiner Terrorzwerg (so seine neue Bezeichnung) geworden, wenn sie etwas von ihm fordern. So ist das Leben mit Hund – lieber Hundehalter. Kuno braucht jetzt dringend von seinen Menschen Ruhe, Geduld und Konsequenz, auch wenn er seine Grenzen an ihnen austestet ohne Unterlass. Er meint es nicht böse mit ihnen :), sondern die Hormone beginnen sein Selbstbewusstsein enorm zu puschen und außerdem hat er jede Lücke in ihrer Erziehung bemerkt und gespeichert.
So viel zu dem Thema, Hunde würden sich nichts länger als ein paar Sekunden merken. Diese Metapher nutzen wir sehr gerne für unseren

Vorteil, wenn wir ehrlich sind, oder? Und wir benutzen diese „Weisheit“ meist bei negativ behafteten Erlebnissen mit Kuno. Positive Dinge, die er sicher und gut ausführt, werden in diese Überzeugung nie einbezogen – fällt mir auf.

Kuno weiß vom ersten Tag an, wo das Futter herkommt, sie lehren ihn Sitz! und Kuno vergisst dieses Kommando sein Leben lang nicht (wenn er es auch nicht immer ausführt), er weiß genau, wo sie wohnen, er kennt seine Gassi-Routen aus dem FF, er erkennt seine Hundekumpels wieder. Meine Kundenhunde – so sagen es mir die meisten Hundehalter – wissen genau, wo der Eingang zu meiner Praxis ist und ziehen zu meiner Freude meist schwanzwedelnd dort hin, wenn sie in meine Straße einbiegen. Diese Liste lässt sich ewig fortführen. Also prüfen sie bitte an sich: Was machen wir als Mensch verkehrt? Denn Kuno hält ihnen lediglich den Spiegel vor und ist nach Hundeart bemüht, sich sein Leben aus seiner Sicht so vorteilhaft und angenehm zu gestalten wie möglich.

Ich könnte die Geschichte mit Bruno und seiner menschlichen Familie in der Art weiterführen, es wäre eine unerfreuliche Lebensgeschichte für Kuno und seine menschliche Familie, habe mich aber dazu entschlossen, dass Kunos Papa eines Tages ein Licht aufgeht:

Eines Abends beim Feierabendbierchen auf der Terrasse des Hauses sitzt Brunos Papa da und betrachtet seinen Fell-Terroristen Kuno – wie er ihn immer nennt. Es ist gerade eine friedliche Stimmung: Kuno döst in der Abendsonne und sieht aus, als könnte er kein Wässerchen trüben. Papas Herz geht auf und er wünscht sich so sehr den hundlichen Kumpel, den er sich – zusammen mit einem schönen Traum vom Zusammenleben – vor knapp zwei Jahren ins Haus geholt hat. Und da ihn gerade niemand sieht und beobachtet, läuft ihm ein Tränchen übers Gesicht, denn er erkennt, dass Kuno eigentlich alles bietet, was er sich gewünscht hat. Kunos Papa hat es nur nicht gesehen, denn er war viel zu viel damit beschäftigt, auf ein Wunschbild hinzuarbeiten: den allezeit gehorsamen, immer den Vorstellungen des Menschen entsprechenden Hund, den scheinbar alle anderen Perfekt-Hundehalter in den Hundegruppen, Internetforen und WhatsApp-Gruppen vorgeben Zuhause zu haben. Und das erste Mal geht er in sich und fragt sich, ob er das überhaupt will – perfekt –, ob er sich da nicht ein bisschen verrannt hat, sich an die Vorstellungen anderer angepasst hat und seine eigenen Wünsche einfach und unbemerkt untergraben hat. Und da er einmal dabei ist, sich selbst zu reflektieren, merkt er, dass er viel zu viel Zeit – Lebenszeit – im Internet und mit Alleswissern verplempert hat, die er eigentlich zu seiner eigenen Freizeitgestaltung zusammen mit Kuno in der freien Natur und spielend und entspannend auf dem eigenen Grundstück verbringen wollte.

Als hätte Kuno seine Gedanken gelesen, schnauft dieser im Schlaf zufrieden und tief. Kunos Papa schnappt sich kurzentschlossen sein Handy und löscht sein Profil in der Whatsapp-Gruppe und auch in den anderen Medien, in denen er sich Kunos wegen angemeldet hat. Nach dem anfänglichen Herzklopfen – denn ihm ist –, als hätte man einen Stecker zur Außenwelt gezogen – zieht ein tiefer Frieden ins sein Herz. Er schaut zu Kuno, steht auf um ihn zu kraulen – hört sofort und aus alter Gewohnheit in Gedanken einen Experten aus der Hundegruppe rufen: „Man soll keine schlafenden Hunde wecken“, lächelt und denkt sich „Halt die Klappe“, geht zu seinem Kumpel und krault ihm liebevoll den Nacken. Kuno dreht sich auf den Rücken und will natürlich Nachschlag. Ist das nicht genau das, was er eigentlich wollte? In dieser Nacht schläft er ruhig – und hat den Entschluss gefasst, Kuno ab morgen früh neu kennenzulernen, sich mit seinem ureigenen Wesen auseinanderzusetzen, sich zu entspannen und mit ihm ruhig, konsequent und liebevoll durchs gemeinsame Leben zu gehen. Und so, wie Papa sich entspannte, passte sich Kuno an und sie wurden ein richtig gutes und zufriedenes Team.

Was möchte ich Ihnen mit diesem Happyend vermitteln? Passen Sie sich nicht an die Norm- und Wertevorstellungen vom Leben mit dem Hund aus Büchern, Internet-Foren, TV-Sendungen usw. an. Einen Hund zu haben ist keine Wissenschaft, es ist eine Lebensart. Es schadet nichts, wenn Sie noch einmal darüber nachdenken, was für ein Fellchen Sie sich da ins Haus geholt haben. Ist es ein Jagdhund, Begleithund, Schutzhund, Hütehund usw.– und was sind die Gengegebenen Eigenschaften? Was können Sie im Hund/Mensch-Alltag dafür tun, um diesen Rasse-Eigenschaften annähernd gerecht zu werden? Wo müssen Sie als Mensch neu lernen und sich darauf einstellen, denn der Hund kann nichts für seine Zucht und die damit verbundenen Neigungen. Und er kann auch nichts dafür, dass Sie eventuell diesbezüglich eine unglückliche Wahl getroffen haben. Sorgen Sie dafür, dass der Hund ausgelastet ist, dann lösen sich die meisten Verhaltens- und auch viele gesundheitlichen Probleme von ganz allein.

Wenn Sie Zeit mit Kuno verbringen, dann seien Sie bitte bei ihm, genießen Sie es und betrachten Sie es nicht als „Muss“, sondern als Bereicherung für Ihren Alltag – aus diesem Grund haben Sie ihn ja gewollt. Ich wünsche Kuno und Ihnen eine wundervolle gemeinsame Zeit.

19. Abrisse unseres Lebens mit Huskys

Mit einer kleinen Auswahl von Videos möchte ich Ihnen das Leben mit unseren Huskys gern mal zeigen. Einfach QR-Code abscannen*.

Beim Training mit Mario und Conni

Galloway Rinder in der Nachbarschaft

Im Hundefreilauf - Es gibt Leckerlis

Im Wasser ist Zick!

Das Rudel im Freilauf

Dreh mit und für den MDR

Im Gehege 01

Lotte erzieht Rüden Pinu

Kaspern und Spielen vorm Hundehaus

Nestgerangel

Fuß laufen

Training und Spiel im Gelände

Hoiiiiiil

Training

Auszeiten

Endlich Schnee

* Wir können nicht garantieren, das YouTube diese Videos für immer Online bereitstellt. Weitere Videos und Shorts finden Sie auf: www.youtube.com/@weltbuchverlag

Dankeschön

möchte ich sagen:

Dem wunderbaren Wesen Hund, welcher uns Menschen immer wieder zu verzeihen scheint.

Unserem Husky-Rudel, den „Glorreichen Sieben“ und Sam, die unser Leben so sehr bereichern.

Meinem Zuhause Mario für die Geduld, sich meine geschriebenen Gedanken anzuhören.

Meiner Schwiegertochter Tara für die tolle, sehr spezielle Visualisierung und Illustrationen.

Dirk Kohl und dem Weltbuch Verlag – ich bin sehr dankbar, dass mei-ne doch zum Teil sehr kritischen, aber letztlich positiven Gedanken im Buch Beachtung fanden.

Und meinen vielen Kunden, die mir ihr Vertrauen schenken.